Planète soja

Julie Lotz

Planète soja

éditions du
ROCHER

L'auteur et l'éditeur ont fait les meilleurs efforts pour retrouver tous les titulaires des droits des illustrations reproduites dans cet ouvrage. Si certains n'avaient pas été contactés, qu'ils veuillent bien se faire connaître auprès des éditions du Rocher, 10 rue Mercoeur, 75011 Paris.

Éditions du Rocher
28, rue Comte Félix Gastaldi – BP 521 – 98015 Monaco

www.editionsdurocher.fr

ISBN : 978-2-268-10351-8

EAN Epub : 9782268103518

Préambule

Ce livre est une enquête journalistique qui fait suite à un documentaire sur le soja que j'ai réalisé pour France 5 en 2018[1]. Les Éditions du Rocher m'ont contactée après la diffusion de celui-ci pour écrire un livre sur la question, un tel ouvrage n'existant pas dans la littérature française. J'ai accepté car il me semblait important que les informations découvertes au fil mon enquête soient disponibles pour ceux qui s'interrogent sur cette plante et sur leur alimentation. Partant des éléments recueillis et filmés dans le cadre du documentaire, j'ai profité de ce travail pour poursuivre l'investigation. En toile de fond, cette question : le soja est-il vraiment bon pour notre santé et notre planète ?

1. *Soja : la grande invasion*, Le Doc du Dimanche, France 5, KM, 2018.

Introduction générale

« Si vous buvez un litre de jus de soja[1] en deux heures, vous allez déclencher vos règles dans la nuit ». La chercheuse qui affirme cela s'appelle Catherine Bennetau-Pelissero. Elle a réalisé plus de quatre-vingts études sur les effets du soja sur notre santé. Je lui demande de répéter, tant son affirmation me semble étrange. « Si vous buvez un litre de jus de soja en deux heures, vous allez déclencher vos règles dans la nuit », soutient-elle. Boire une grande quantité de soja en un délai court déclencherait les menstruations ?

Nous sommes au printemps 2017. Je commence mon enquête. Je planche sur les innombrables rapports et études scientifiques publiés sur cette plante. À l'époque, je n'en mange qu'occasionnellement, sous forme de sauce soja, de dessert à la vanille ou de steak végétarien. Je ne connais pas grand-chose de cette légumineuse. Très vite, je découvre que le soja contient effectivement des molécules qui ressemblent aux hormones féminines et qui pourraient avoir un impact sur notre système hormonal.

Je repense à l'affirmation choc de la chercheuse. Je la rappelle. Elle m'assure qu'il n'y a pas de danger à essayer une fois. Je décide de tenter l'expérience. J'applique donc ses indications à la lettre

1. Le jus de soja est une boisson à base de soja, appelée aussi improprement lait de soja.

et j'achète un litre de jus de soja à la vanille. La scientifique me conseille de consommer du jus de soja par commodité, mais elle précise que l'impact serait le même si j'ingérais un repas composé d'un steak de soja, d'un dessert au soja et d'un verre de jus de soja. Pour obtenir l'effet escompté, elle recommande de boire l'intégralité du litre en deux heures, une semaine avant l'arrivée de ses menstruations. C'est chose faite.

La nuit arrive. Rien ne se passe. Le lendemain matin, rien non plus. Le jour suivant, toujours rien. Quand soudain, trois jours après la prise du soja – soit quatre jours avant l'arrivée normale de mes règles – les Anglais débarquent… Et avec eux, des douleurs menstruelles inhabituelles. Je suis pourtant parfaitement réglée d'habitude, et je n'ai pas de douleurs notables. Que s'est-il passé ? Le soja est-il responsable ? Pour la chercheuse, oui. Et d'après elle, cela peut même être dangereux pour notre santé.

« *Éviter le cancer grâce au soja, ça vaut le coup d'essayer !* »

Parmi les facteurs de risques de décès prématurés en Europe, beaucoup d'entre eux sont liés à ce que nous mangeons et nous buvons (trop de sucre par exemple, ou de sel, ou encore d'alcool). À l'inverse, on nous répète à l'envi qu'il faut manger des fruits et des légumes. Qu'une alimentation végétale est bonne pour notre santé. Et que les protéines végétales de soja contiennent de nombreux bienfaits. Étonnée du résultat de l'expérience ci-dessus, je vais enquêter sur cette plante un an et demi durant.

Pendant mes recherches, un livre notamment m'interpelle, il est intitulé *Les Miracles du soja*[2]. Il a été écrit par Michel Roussel, médecin phytothérapeute aujourd'hui à la retraite. Lui croit dur comme fer aux bénéfices du soja pour notre santé. La phrase « éviter le cancer grâce au soja, ça vaut le coup d'essayer » est extraite de son ouvrage. Quand je le contacte, il me raconte que pendant sa carrière, il a souvent conseillé à ses patients d'en consommer. Le sous-titre laisse d'ailleurs peu de place au doute : « Manger un peu de soja tous les jours éloigne les maladies pour toujours ». Dans cet ouvrage publié en 2005, on peut ainsi lire que manger du soja pourrait « prévenir cancer et maladies cardiovasculaires », « diminuer les troubles de la ménopause », ou encore « faire baisser le taux de cholestérol de 20 % ». Le soja serait même « indispensable à une bonne mémoire ». Sur les emballages des produits vendus dans nos supermarchés, les messages publicitaires font également la part belle à tous les avantages que comporterait le soja pour notre santé : « Les bienfaits des protéines végétales pour tous », « Riche en protéines » ou encore « Moins de matières grasses ». Dans une publicité, le numéro un du secteur affirme même : « Si c'est du soja, vous avez le droit » ! D'en consommer sans modération ? C'est le troisième fabricant français de produits au soja bio qui m'a suggéré la lecture des *Miracles du soja* lorsque j'ai visité son usine en juillet 2017. C'est lui, l'industriel, qui a écrit la préface du livre du médecin.

Entre ceux qui présentent le soja comme une plante miraculeuse pour notre santé – et qui bien souvent en font le commerce – et les autres qui alertent sur ses effets néfastes, qui croire ?

---

2. M. Roussel, *Les Miracles du soja. Manger un peu de soja tous les jours éloigne les maladies pour toujours*. Éditions Alpen. Coll. C'est naturel c'est ma santé. 2005.

Mon enquête m'a fait entrer dans un univers binaire, où pro et anti s'accordent sur un point au moins : le soja n'est pas une plante anodine.

Elle m'a également menée à m'interroger sur le très controversé glyphosate, le principe actif du Roundup, cet herbicide conçu par Monsanto, la multinationale américaine spécialiste des pesticides et des semences[3]. Car en 2019, la plus grosse partie de la production mondiale de soja est génétiquement modifiée. Un soja OGM, inventé également par Monsanto, pour résister à cet herbicide au glyphosate. Les herbicides à base de glyphosate sont aujourd'hui les plus vendus au monde et les plus utilisés sur le soja. Or, en 2015, le glyphosate a été classé « cancérogène probable » par le Centre international de recherche sur le cancer (CIRC). Ce soja, sur lequel sont pulvérisés des herbicides comme le glyphosate et d'autres pesticides parfois interdits dans l'Union européenne, est importé en masse en Europe et en France pour nourrir nos animaux. Est-il dangereux pour notre bétail ? Et pour nous, qui mangeons des produits issus de ces animaux ? J'ai remonté la chaîne de production, du lait vendu dans nos supermarchés français, à la vache élevée en Bretagne, au soja produit en Amérique latine. J'ai parcouru la France, le Danemark, l'Argentine et le Brésil pour chercher des réponses. Mon enquête a révélé la présence de résidus de glyphosate dans les seize laits commercialisés en France que j'ai fait analyser.

Au niveau mondial, la production de soja a augmenté de 70 % en moins de 30 ans pour atteindre plus de 340 millions de tonnes de graines produites en 2019. Pour apporter un

3. Le groupe pharmaceutique allemand Bayer qui a racheté Monsanto pour 56 milliards d'euros en 2018 fait aujourd'hui face à plus de 40 000 requêtes déposées contre cet herbicide à base de glyphosate aux États-Unis.

éclairage sur cette plante que l'on consomme de plus en plus mais que l'on connaît finalement peu, j'ai confronté les avis des scientifiques, des médecins, des associations, des producteurs et des autorités sanitaires de plusieurs pays. Je les ai synthétisés dans les pages qui suivent. J'ai attaché une importance particulière à actualiser chaque partie jusqu'à la remise du manuscrit final à mon éditeur le 2 janvier 2020.

Partie 1

LE SOJA, PLANTE MIRACULEUSE OU PERTURBATEUR ENDOCRINIEN NÉFASTE ?

Le soja, c'est quoi ?

Du haut de son mètre cinquante, la plante de soja ressemble sous plusieurs aspects à celle du haricot. Elle fait d'ailleurs partie de la même famille que ce dernier, celle des légumineuses, dont le fruit est une gousse. Au printemps, quand ses feuilles vertes se déploient, les fleurs de soja en forme de papillon de couleur blanche et mauve éclosent à l'aisselle des tiges. À peine perceptibles, elles se transforment rapidement en gousses vertes allongées et velues. Ce sont ces dernières qui renferment les fameuses graines de soja utilisées pour produire le jus de soja[4], le tofu[5], les steaks végétaux[6] et les autres produits au soja qui se multiplient dans nos supermarchés.

Les agriculteurs français ne cultivent cette plante que depuis les années 80. Et le Sud-Ouest de la France, qui dispose du climat qui lui est le plus favorable, concentre pour l'instant l'essentiel des cultures. Pour comprendre ce nouvel engouement pour le soja, je suis allée à la rencontre de cultivateurs. À l'ouest de Toulouse, un père et son fils s'apprêtent à moissonner. À mesure

---

4. Appelé aussi improprement « lait » de soja.
5. Pâte molle issue du caillage du jus de soja qui peut se cuire ou se consommer tel quel.
6. Début décembre 2019, en France, l'Assemblée nationale a adopté en première lecture une proposition de loi qui bannit les appellations « carnées » pour les produits d'origine végétale. L'appellation « steak de soja » ne devrait bientôt plus être permise.

qu'ils s'avancent dans le champ, les plants de soja craquent sous leurs pieds. Le jeune agriculteur attrape une gousse brunâtre. Sèche, elle s'ouvre facilement pour laisser apparaître trois graines de soja de couleur jaune. « Je les goûte pour voir si les graines craquent et si elles sont bien sèches avant de les moissonner, explique l'agriculteur qui avale la graine crue. Ça a un goût un peu amer mais ce n'est pas mauvais ! ». En 2017, le duo a récolté 45 tonnes de graines de soja. Ils s'y sont mis parce que la demande est de plus en plus forte, et parce que d'après eux, cultiver cette plante leur rapporte quasiment autant d'argent que le maïs, notamment parce que le soja fixe l'azote de l'air au niveau de ses racines, ce qui permet de réduire l'utilisation d'engrais azotés coûteux.

En France, la culture de soja est marginale en comparaison au blé tendre utilisé pour la fabrication du pain qui représente 5 millions d'hectares de notre territoire[7], mais elle a quadruplé ces dernières années. Les surfaces françaises dédiées au soja sont ainsi passées de 43 000 hectares en 2013 à 154 000 hectares en 2018[8]. Cette année-là, c'est 400 000 tonnes de graines jaunes qui ont été produites dans l'Hexagone.

7. D'après le service statistique du ministère de l'Agriculture et de l'Alimentation (SSP).
8. D'après l'établissement public national des produits de l'agriculture et de la mer France Agrimer.

Principales régions de production du soja en France

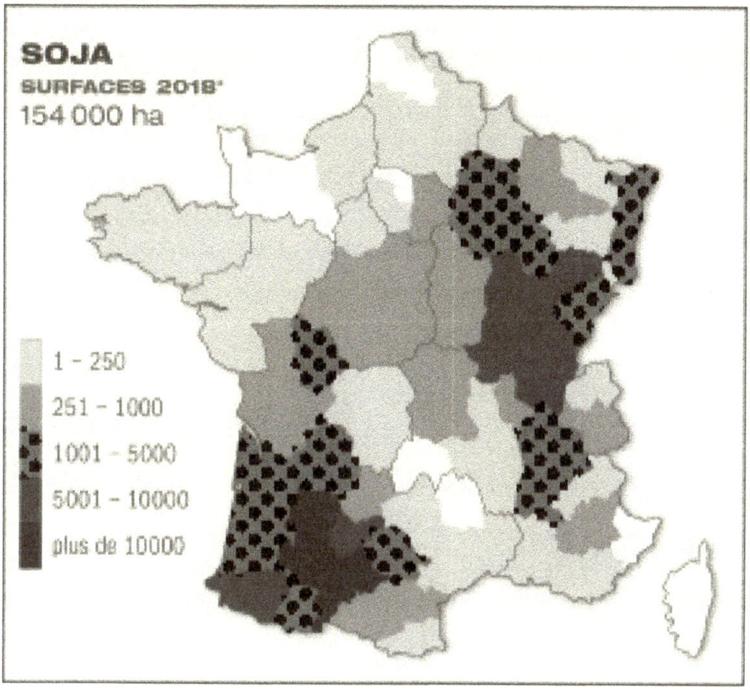

Source : © Terres Univia, l'interprofession des huiles et des protéines végétales.

CECI N'EST PAS DU SOJA

Le soja est souvent assimilé aux pousses fraîches dites « de soja » de couleur blanches et jaunes, servies notamment dans les restaurants asiatiques. Mais ceci n'est pas du soja. L'essentiel du soja que nous consommons et produisons en France est le soja jaune qui appartient à la famille des légumineuses. Celles que l'on nomme à tort « pousses de soja » sont des graines de haricots mungo germées qui appartiennent à la famille des fabacées. Alors que ces graines de haricots mungo germées peuvent se consommer crues, la graine de soja jaune doit être cuite avant d'être ingérée. Les dénominations laissant entendre qu'il s'agit de soja auraient été inventées par des commerçants chinois venus en Europe qui ont déclaré ce haricot mungo comme étant du soja destiné à l'alimentation du bétail pour payer des droits de douane moindres[9]. Ils l'auraient depuis nommé ainsi. En 2016, en France, la Direction générale de la consommation, de la concurrence et de la répression des fraudes (DGCCRF) a statué : les haricots mungo devront désormais être commercialisés sans aucune référence au soja. Ils ne peuvent donc plus être appelés et vendus sous l'appellation « pousses de soja ».

Le soja est-il bon pour notre santé ?

Le soja est un aliment bon pour notre santé pour plusieurs raisons. Tout d'abord, cette légumineuse contient peu de graisses saturées[10], et pas de cholestérol. Le cholestérol et les lipides (graisses) sont essentiels au bon fonctionnement de notre organisme mais, consommés en excès, ils peuvent être nuisibles et augmenter les risques de maladies, notamment cardio-vasculaires. C'est aussi un végétal qui apporte des fibres. Bonnes pour le transit intestinal, il est important d'en intégrer dans notre régime alimentaire occidental car celui-ci en est souvent dépourvu. Mais l'atout principal de cette légumineuse est de loin sa teneur en protéines. De tous les végétaux, le soja est celui qui en contient le plus. Les protéines sont des macromolécules essentielles à notre organisme, elles participent notamment au renouvellement des ongles, des cheveux, des poils et des

9. M. Pitrat, *Histoires de légumes : des origines à l'orée du XXIe siècle*, 2009.
10. « Sécurité et bénéfices des phyto-estrogènes – recommandations », AFSSA, 2005.

tissus musculaires. Elles jouent aussi un rôle dans la fabrication des anticorps, dans le transport de l'oxygène et dans le processus de digestion. Les autorités sanitaires recommandent de consommer au minimum 50 grammes de protéines par jour pour une femme de 60 kilos. Un peu plus de 66 grammes pour un homme de 80 kilos[11].

Pour nous, Occidentaux, les protéines sont traditionnellement apportées par les produits issus des animaux, comme les produits laitiers, les œufs et surtout la viande. Mais nous en consommons de moins en moins. D'après une étude du Crédoc (le Centre de recherche pour l'étude et l'observation des conditions de vie), en France, la consommation de viande a baissé de 12 % en 10 ans[12]. De nombreux scandales alimentaires, comme la crise de la vache folle à la fin des années 90[13] ou la fraude de la viande de cheval en 2013[14], ont incriminé les protéines animales et certainement contribué à cette baisse de notre consommation. Tout comme le classement de la viande comme cancérogène probable par le Centre international de

11. L'apport nutritionnel en protéines conseillé par l'Agence nationale française de sécurité sanitaire de l'alimentation, de l'environnement et du travail (ANSES), en accord avec les recommandations nord-américaines et internationales, est de 0,83 g/kg/jour. Des apports entre 0,83 et 2,2 g/kg/jour peuvent être considérés comme satisfaisants pour un individu de moins de 60 ans. Ce minimum journalier augmente chez les personnes âgées et les femmes enceintes ou allaitantes.

12. « Les nouvelles générations transforment la consommation de viande », CREDOC, Consommation et mode de vie, n°300, septembre 2018.

13. En 1996, une maladie, l'encéphalopathie spongiforme bovine (ESB), atteint les vaches du Royaume-Uni nourries à la farine animale (des carcasses d'animaux non utilisées dans l'alimentation humaine, réduites en poudre). Sa transmission à l'homme, via la maladie de Creutzfeldt-Jacob, tue plus de 200 personnes, dont 27 Français. Plus de 190 000 animaux auraient été contaminés, sans compter les cas non diagnostiqués.

14. Fraude à l'échelle européenne faisant passer de la viande de cheval pour de la viande de boeuf.

recherche sur le cancer (CIRC) en 2015[15]. Notre préoccupation croissante pour le bien-être animal et pour la planète a également fait évoluer nos habitudes alimentaires. Et nous sommes aujourd'hui de plus en plus nombreux à nous tourner vers les protéines végétales, et notamment le soja.

La protéine idéale pour remplacer la viande

Dans le Sud-Ouest, à Marmande, à une centaine de kilomètres au sud de Bordeaux, une société de négoce trône au milieu des vignes et des champs de soja. Elle a pour mission de collecter les graines auprès des producteurs régionaux pour les vendre ensuite aux industriels de l'agroalimentaire comme Sojasun, Soy ou Sojami. Ici, la teneur en protéines est la première chose que l'on mesure. Nous sommes au mois d'octobre, c'est presque la fin de la récolte française. Les derniers camions remplis de soja arrivent à l'entrepôt. Lors du déchargement, les salariés de l'entreprise recueillent dans des contenants de la taille d'un verre d'eau des graines qu'ils déversent ensuite dans une petite machine ressemblant à une balance alimentaire. Au bout d'une minute à peine, un ticket en ressort sur lequel est indiqué le taux de protéines : 45 % pour celles-ci. « L'idéal, explique l'adjoint de direction de la société de négoce, c'est d'être au-dessus de 40 %. Ça, c'est vraiment élevé, c'est vraiment bien. On pourra ainsi vendre ces graines plus chères à l'industriel puisqu'il rémunère ce taux de protéines élevé. C'est ce qu'il recherche ». Quand elle est récoltée, la graine de soja contient en moyenne

15. L'Organisation mondiale de la santé reconnaît les bénéfices de la consommation de viande pour la santé mais recommande aux individus de limiter leur consommation de viande transformée et de viande rouge, qui est liée à des risques accrus de décès par maladie cardiaque, diabète et autres maladies.

35 grammes de protéines pour 100 grammes de produit. En comparaison, la viande rouge contient environ 25 grammes de protéines[16].

La graine de soja non transformée contient 35 % de protéines en moyenne

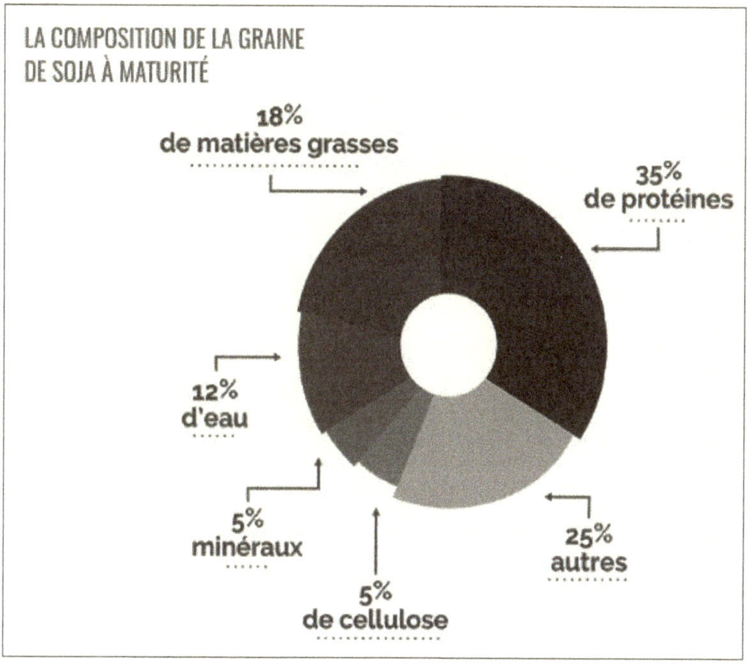

Source : © Terres Univia, l'interprofession des huiles et protéines végétales

J'ai demandé une visite d'usine aux principaux industriels du secteur. Un seul a accepté : Joël Pichon, l'industriel qui a signé la préface de l'ouvrage *Les Miracles du soja*. S'il y a bien une chose qui est miraculeuse dans son usine, c'est l'aspect des steaks végétaux à base de soja, qui ressemblent comme deux gouttes

16. Table Ciqual. ANSES.

d'eau à de la viande. C'est dans le Sud-Est cette fois-ci, dans les Alpes de Haute Provence, à Revest-du-Bion, que le PDG a entreposé ses cuisines industrielles. Et bien que le traditionnel tofu ait longtemps été le produit de base dans la fabrication de ses produits alimentaires, les steaks ne sont pas fabriqués à partir de celui-ci, mais grâce à des protéines de soja dites « texturées ». Une sorte de flocon de soja dont la texture donne aux steaks végétaux un aspect similaire à la viande. « La protéine de soja texturée, c'est du soja dont on a sorti l'huile. Une fois qu'on va l'humidifier, ça va donner une matière proche de la fibre de la viande », explique Joël Pichon. Et pour parfaire le tableau, il suffit de bien assaisonner ces protéines et surtout de les colorer. Ici, à l'aide de betteraves. « La betterave nous permet d'avoir cette couleur (rose ndlr). Ce n'est pas de la viande, mais ça permet d'amener progressivement certains consommateurs vers des aliments à base végétale qui sont riches en protéines et qui ressemblent à ce qu'ils ont l'habitude de manger, c'est-à-dire des produits carnés ».

La multiplication des produits à base de soja

Aujourd'hui, le soja remplace la viande, mais pas uniquement. Il suffit de se balader dans un supermarché pour mesurer l'ampleur du phénomène. Rayon viande : le soja est bien là, sous forme de boulettes végétales ou de steaks de protéines végétales. Rayon produits laitiers : il est également présent, sous forme de tofu. De par son aspect comparable au lait de vache, il est aussi présent comme une alternative à celui-ci, notamment pour les consommateurs intolérants au lactose, sous forme de tonyu ou boisson au soja, appelés improprement « laits » de soja[17]. Il occupe également une large place au rayon desserts, sous forme de yaourts, à la vanille, au chocolat, à la mangue, au citron, au caramel, etc. Le soja est même présent sous forme de crackers ou de graines toastées pour l'apéritif. On peut aussi le consommer plus traditionnellement sous forme de tempeh ou de miso, des préparations à base de soja fermenté. D'après l'association regroupant les principaux fabricants de produits à base de soja en France, six Français sur dix déclaraient avoir consommé des produits au soja en 2017[18]. Ses adeptes ont ainsi augmenté de 49 % en trois ans.

LES INDUSTRIELS DE LA VIANDE ET DU LAIT SE METTENT AU VERT

D'après une étude de l'analyste sectoriel Xerfi parue en 2019, les ventes de produits à base de protéines végétales ont généré un chiffre d'affaires en hausse de 24 % dans les grandes et les moyennes surfaces françaises[19]. Le numéro un mondial des produits laitiers a suivi la tendance. En 2016, Danone a racheté Whitewave Foods, le leader américain des alternatives végétales au lait de vache, qui fabrique notamment le jus de soja Silk, une marque très populaire aux États-Unis. Dans nos supermarchés, les produits au soja appartenant à Danone sont commercialisés sous la marque Alpro. « Fini le temps où les protéines végétales étaient l'apanage des seules marques spécialisées », conclut le Groupe d'étude et de promotion des protéines végétales (GEPV), une

17. Voir encadré suivant.
18. « Les Français et les aliments au soja », Deuxième édition du baromètre Sojaxa. Sojaxa, 2018.
19. « Le marché de l'alimentation végétarienne et végane à l'horizon 2021. Perspectives du marché, mutations de la demande et leviers de croissance des industriels et distributeurs », Xerfi, 2019.

association française de producteurs et distributeurs de protéines végétales[20]. Aujourd'hui les produits au soja ne se trouvent plus uniquement sous la marque du leader français Sojasun ou des marques spécialisées comme Soy ou Sojami. L'industrie de la viande s'est également mise au vert. Des géants de la charcuterie, comme Herta ou Fleury Michon, déclinent désormais eux-aussi leurs références végétales au soja. On les retrouve dans les gammes « Le bon végétal » ou « Côté végétal ». En janvier 2019, le spécialiste de la volaille Le Gaulois proposait cinq références à base de soja. Et même le fabricant historique des conserves de cassoulet William Saurin propose une alternative végétale, au soja là encore.

STEAK, LAIT OU FROMAGE AU SOJA, ATTENTION À L'APPELLATION

Le 14 juin 2017, suite à un litige opposant un fabricant d'aliments végétariens allemand à une association berlinoise qui lutte contre la concurrence déloyale, la Cour de justice de l'Union européenne a tranché : les industriels ne peuvent pas utiliser les termes « lait », « yaourt » ou « fromage » pour leurs produits végétariens au soja. D'après elle, ces appellations sont réservées aux produits d'origine animale[21]. Début décembre 2019, en France, l'Assemblée nationale a adopté en première lecture la proposition de loi LaREM-MoDem en faveur de la « transparence sur les produits agricoles et alimentaires ». Elle bannit elle-aussi les termes « lait » et « fromage » pour leurs produits de substitution à base de végétaux, et elle interdit également les appellations « carnées ».

20. « La lettre des protéines végétales », Groupe d'étude et de promotion des protéines végétales (GEPV), juillet 2017.
21. Arrêt de la Cour du 17 juin 2017. ECLI : EU : C : 2017 :458.

La loi doit encore faire la navette avec le Sénat, mais il ne sera donc a priori bientôt plus possible pour les industriels de nommer leurs substituts végétariens « steak » ou « saucisse » végétales, sous peine d'une amende de 1500 euros.

Du soja à tous les repas

Pendant mes recherches, en 2017, j'ai rencontré une famille qui a choisi de devenir vegan. Depuis 6 ans, cette mère et son fils ont exclu de leur alimentation et de leur vie plus généralement tous les produits animaux. À table, pas de viande ni de poisson, pas d'oeufs et pas de lait. Pas non plus de cuir ou de laine dans leur garde-robe. « C'est avant tout pour la cause animale, explique le fils. On m'a montré des vidéos de l'association L214 (L214 Éthique et animaux, une association de protection animale ndlr) et le traitement qu'on inflige aux bêtes était tellement dur à voir que j'ai arrêté d'en manger ». Le contenu de leur frigo pourrait pourtant prêter à confusion. Tranches de jambon, nuggets, bolognaise, tous les produits conçus traditionnellement à base de viande sont présents. Mais ici tous sont fabriqués à base de soja. Il en est de même pour le lait, les yaourts, la crème pour la cuisine ou encore la crème chantilly. Tout est exclusivement à base de soja. « Il y a des gens qui n'aiment pas beaucoup et qui disent "mais c'est dégueulasse le soja !" C'est parce qu'ils ne l'ont pas cuisiné », explique la mère. Si, historiquement, ils ont été les plus gros consommateurs de soja, les végétariens et vegans ne représentent plus aujourd'hui respectivement que 2 % (1,3 million de personnes) et 0,5 % (340 000 personnes) de la totalité des acheteurs de ces produits[22]. Aujourd'hui, la consommation de soja touche l'ensemble de la population.

Ceci est notamment visible à la quantité de plus en plus importante d'enseignes qui proposent des produits à base de soja en France. Quand le restaurant lyonnais Soline met à la carte un « bourguignon aux protéines dc soja », les restaurants parisiens Végét'halles, Végé'saveurs ou encore Vegebowl proposent eux aussi des plats réalisés traditionnellement à base de produits animaux désormais fabriqués essentiellement grâce à ces protéines de soja. À La boucherie végétarienne, une enseigne de restauration qui a vu le jour en 2014 à Paris, les fondateurs revendiquent avoir trouvé là le bon filon. Dans les cuisines de leur restaurant rapide : burgers et boulettes « effet boeuf », filets « façon filets de poulet », ou encore saucisses « façon saucisses de Francfort ». Tous ces produits sont fabriqués là encore à base de soja. « Avec mon associé, nous avons toujours été à l'affût des opportunités, raconte la patronne Isabelle Bensimon. Avant, nous travaillions dans la téléphonie mobile, puis nous avons eu envie d'évoluer vers un marché plus porteur et quand nous avons goûté pour la première fois de la viande végétarienne chez des amis, ce fut la révélation ! Tout le monde aime ! » Les amateurs de viande qui souhaitent néanmoins réduire leur consommation de protéines animales sont la cible principale de l'enseigne. Et pour cause : d'après une étude sur l'alimentation végétarienne et végan[23], ces consommateurs sont beaucoup plus nombreux que les végétariens et les vegans, et représentent près de 23 millions de personnes en 2019, soit un tiers de la population française. Ils ont même fait leur entrée dans le

22. Xerfi, « Le marché de l'alimentation végétarienne et végane à l'horizon 2021. Perspectives du marché, mutations de la demande et leviers de croissance des industriels et distributeurs », 2019.
23. Xerfi. Idem.

dictionnaire *Robert* en 2017, sous le mot « flexitarien » : « qui limite sa consommation de viande, sans être exclusivement végétarien ». « Les flexitariens, ce sont des carnivores curieux qui ont envie de dépasser le fait de manger uniquement de la viande, qui veulent manger plus sainement. Ils savent qu'ils vont consommer de la viande trois ou quatre fois par semaine et les autres jours ils vont manger des produits comme les nôtres qui sont bons, qui ressemblent à de la viande mais n'en sont pas », constate Isabelle Bensimon. Comme Magali, cette jeune femme qui achète un sandwich « façon filet de poulet », au soja, parce que, dit-elle, c'est « meilleur » pour sa santé. « J'aime la viande! Mais ce sandwich a l'air plus sain que celui de la boulangerie d'à côté. On a vraiment l'impression de se faire du bien en mangeant des produits végétaux ».

LE SOJA RÉDUIT-IL L'APPARITION DES MALADIES CARDIAQUES?

En octobre 1999 aux États-Unis (qui étaient alors les premiers producteurs mondiaux de soja), la Food and Drug Administration (FDA) a permis aux industriels qui commercialisent des aliments contenant au moins 6,25 grammes de protéines de soja par portion d'indiquer l'allégation santé suivante : « 25 grammes de protéines de soja par jour, faisant partie d'un régime pauvre en graisses saturées et en cholestérol, peuvent diminuer le risque de maladie cardiaque ». Les maladies cardiaques étant plus susceptibles de se déclarer en présence de cholestérol et de graisses saturées, les autorités sanitaires américaines ont conclu que la consommation de soja, pauvre en graisses saturées, peut diminuer leur apparition. En 2015, le Canada a lui aussi autorisé une allégation santé sur le lien, positif, entre la consommation de protéines de soja et la diminution du taux de cholestérol. Si le produit contient au moins 6 grammes de protéines de soja, les fabricants canadiens peuvent indiquer le message suivant : « Les protéines de soja aident à réduire le cholestérol, lequel est un facteur de risque des maladies cardiaques »[24]. D'après l'agence canadienne, l'effet serait visible à partir de portion de 25 grammes de protéines de soja.

Toutefois, les États-Unis sont récemment revenus sur leur affirmation. « Pour la première fois, nous avons jugé nécessaire de proposer une règle de révocation d'allégation de santé, car de nombreuses études publiées depuis l'autorisation de l'allégation en 1999 ont présenté des résultats incohérents sur le lien entre la protéine de soja et la maladie cardiaque », a indiqué en 2017 Susan Mayne, la directrice du centre pour la sécurité alimentaire et la nutrition appliquée de la FDA. Saisie sur la question suite au premier avis des États-Unis, l'agence française de sécurité sanitaire des aliments (AFSSA, ex-ANSES) avait conclu dès 2001[25] que les preuves sont insuffisantes pour conclure au lien entre la consommation de protéines de soja et la baisse du taux de cholestérol. Le soja ne contient effectivement pas de cholestérol mais il ne participe pas pour autant à la baisse du taux de cholestérol présent dans l'organisme d'après l'agence française. Lors d'une nouvelle saisine en 2008, l'AFSSA rend un nouvel avis négatif[26]. L'agence européenne de sécurité des aliments, l'EFSA, s'est elle-aussi prononcée sur la question en 2010 en concluant qu'aucune

24. « Résumé de l'évaluation par Santé Canada d'une allégation santé au sujet des protéines de soja et de la diminution du cholestérol », Santé Canada, mars 2015.
25. « Avis de l'agence française de sécurité sanitaire des aliments relatif à l'évaluation d'une allégation concernant la réduction de la cholestérolémie en faveur de protéines de soja », AFSSA, 2001.
26. « Avis de l'agence française de sécurité sanitaire des aliments relatif à l'évaluation d'une allégation concernant la réduction de la cholestérolémie en faveur de protéines de soja », AFSSA, Saisine n°2005-SA-0064, 2008.

relation de cause à effet n'a été établie entre la consommation de soja et la baisse du taux de cholestérol[27].

Si le soja est effectivement dépourvu de cholestérol et de graisses saturées, le lien entre sa consommation et la baisse effective du taux de cholestérol ou du risque de maladies cardiaques n'est donc pas validé par l'ensemble des agences sanitaires.

Consommer du soja, est-ce vraiment plus sain ?

Si le soja est effectivement une alternative alimentaire intéressante, tous les produits ne se valent pas. Avec l'aide de la diététicienne nutritionniste Vanessa Gouyot et du médecin Laurent Chevallier[28], j'ai passé les aliments au soja vendus dans nos supermarchés à la loupe, en les comparant notamment à leurs équivalents fabriqués à partir de protéines animales.

Les jus et les desserts à base de soja peuvent être utiles en cas d'intolérance au lactose, qui est le nom du sucre du lait. Ces produits sont également moins sucrés, mais seulement s'ils sont « nature ». Un dessert au soja aromatisé à la vanille par exemple, contient 13,4 g de sucre, soit l'équivalent de 3 morceaux de sucre. Un yaourt au lait de vache aromatisé en

27. « Scientific opinion on the substantiation of health claims related to soy protein and contribution to the maintenance or achievement of a normal body weight (ID 598), maintenance of normal blood cholesterol concentrations (ID 556) and protection of DNA, proteins and lipids from oxidative damage (ID 435) pursuant to Article 13 (1) of Regulation (EC) No 1924/2006 », European Food Safety Authority (EFSA), Parme, Italie, 2010.

28. Médecin nutritionniste attaché au CHU de Montpellier, auteur de plusieurs bestsellers sur l'alimentation comme *Alors on mange quoi ?* (Fayard, 2016) ou *Le Livre antitoxique* (Fayard, 2013).

contient généralement entre 3 et 5. Les jus ou desserts au soja ne contiennent en revanche pas de calcium. Sauf s'ils en ont été enrichis[29].

Un point important auquel il faut faire attention, c'est la quantité de protéines. Primordiale quand le soja cherche à remplacer la viande, elle varie considérablement d'un produit à l'autre. Pour se renseigner sur la teneur en protéines d'un aliment, il faut lire le tableau des valeurs nutritionnelles affiché sur l'étiquette. Les industriels ont pour obligation de mentionner cette information. Sinon, la base de données qui fait référence en France est la table de composition nutritionnelle des aliments Ciqual. Elle est gérée par l'Agence nationale de sécurité sanitaire de l'alimentation, de l'environnement et du travail (ANSES) et par l'Institut national de la recherche agronomique (INRA). Disponible gratuitement sur internet, elle donne une moyenne de la teneur en protéines pour chaque produit type. En février 2019, vingt aliments à base de soja y étaient répertoriés. J'ai reporté les teneurs moyennes en protéines des principaux produits à base de soja dans le tableau ci-dessous.

Teneur en protéines des aliments au soja

	Farine de soja	**Escalope végétale ou steak à base de soja**	**Tofu**	**Dessert au soja**	**Jus de soja**
Quantité de protéines par 100 g de produit (valeur moyenne)	36 g	15,5 g	10 g	3 g	3 g

Source : Table Ciqual, février 2019

29. L'Organisation mondiale de la santé recommande 500 mg ou plus de calcium par jour pour éviter les risques de fracture des os.

La quantité de protéines varie en fonction du type de produit et de la façon dont les graines de soja ont été transformées, et les teneurs peuvent aussi être différentes entre chaque marque au sein d'une même famille de produits. Il faut alors savoir « trier le bon grain de l'ivraie », comme le recommande le magazine *60 Millions de consommateurs* dans une enquête sur les steaks végétaux publiée en janvier 2017[30]. Les journalistes y ont comparé dix produits, dont trois fabriqués à base de soja, et ils n'affichent pas tous une teneur en protéines convenable. Ainsi, le « steak végétal tomates oignons » de la marque Idée végétale a une teneur en protéines qualifiée de « limite » (13,2g pour 100g de produit). C'est effectivement une teneur plutôt basse comparée à celle d'un steak de boeuf, par exemple, qui contient en moyenne 25 grammes de protéines pour 100 grammes de produit. Et si l'apport en protéines du « steak soja à la provençale » Sojasun et du « croc tofou olives & feta » de Soy est considéré comme bon, le premier contient néanmoins trop de sel (1,1g)[31]. Une autre enquête publiée en mai 2018 par le magazine *UFC Que Choisir* passe également les galettes et steaks végétariens[32] à la loupe. Parmi les neuf produits fabriqués à base de soja, l'un d'entre eux contient uniquement 11,7 grammes de protéines pour 90 grammes de produit, deux comprennent trop de sel et sept produits ne présentent pas assez de vitamines et minéraux.

---

30. P. Chairopoulos, « Quel steak végétal choisir ? », *60 Millions de consommateurs*, Janvier 2017.
31. Pour les adultes, l'Organisation mondiale de la santé (OMS) recommande de consommer moins de 5 grammes (un peu moins d'une cuillère à café) de sel par jour. La consommation excessive de sel contribue à l'hypertension artérielle et à un risque accru de cardiopathie et d'accident vasculaire cérébral.
32. M-N. Delaby, C. Lelasseux, « Galettes et steaks végétariens, des recettes à revoir »., *UFC Que Choisir* 570, juin 2018.

Lorsque les produits à base de soja contiennent autant de protéines que la viande, il faut néanmoins savoir que les protéines végétales ne sont pas exactement les mêmes que les protéines animales. Les protéines que nous ingérons sous forme de viande, d'oeuf ou de soja, sont constituées d'acides aminés. Ce sont ces acides aminés qui sont utilisés par notre corps pour fabriquer d'autres protéines afin de fonctionner. Notre corps a ainsi besoin de vingt acides aminés différents : onze qu'il est capable de fabriquer lui-même, et neuf, dits essentiels ou semi-essentiels, qui doivent être apportés par l'alimentation : l'histidine, l'isoleucine, la leucine, la lysine, la méthionine, la phénylalanine, la thréonine, le tryptophane et la valine.

Ce sont les produits issus d'animaux qui contiennent le plus d'acides aminés dits essentiels ou semi-essentiels. La viande par exemple contient les neuf acides aminés cités ci-dessus, et dans des quantités suffisantes. Le soja contient également ces neuf acides aminés, mais certains en quantité moindre. Il est notamment carencé en méthionine, un acide aminé soufré indispensable. On peut le voir dans le tableau de l'Organisation mondiale de la santé (OMS) ci-dessous sous l'appellation AAS pour « acides aminés soufrés ».

Acides aminés essentiels dans les aliments

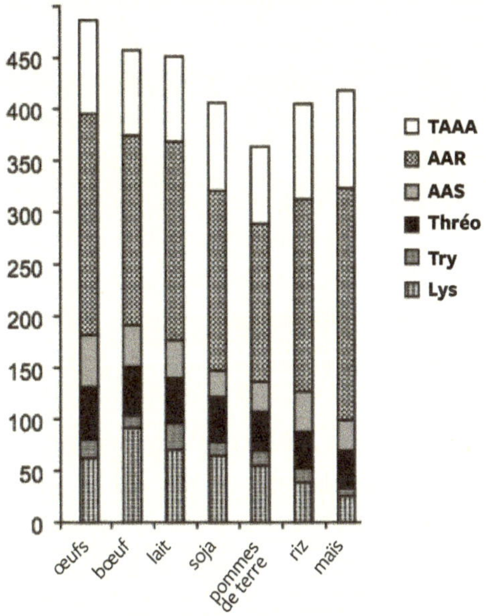

TAAA : Total Acides Aminés Aromatiques – **AAR :** Acides Aminés Ramifiés – **AAS :** Acides Aminés Soufrés
Thréo : Thréonine – **Try :** Tryptophane – **Lys :** Lysine

La viande contient davantage d'acides aminés, notamment soufrés, que le soja

	Œufs	Bœuf	Lait	Soja	Pommes de terre	Riz	Maïs
Lysine	139	203	158	144	121	86	58
Tryptophane	293	213	417	217	240	224	117
Thréonine	223	202	191	191	167	153	157
AAS	225	**182**	164	**114**	131	176	132
AAR	168	144	151	136	120	146	177
TAAR	301	275	271	281	243	305	314

AAS : Acides Aminés Soufrés – **AAR :** Acides Aminés Ramifiés – **TAAA :** Total Acides Aminés Aromatiques

Cet acide aminé soufré est considéré comme limitant, c'est-à-dire qu'il peut réduire la synthèse de nouvelles protéines corporelles. Les nutritionnistes conseillent donc de compléter la nourriture à base de soja par des céréales qui sont riches en acides aminés soufrés comme par exemple le riz. Les produits au soja ne contiennent généralement pas non plus de vitamine B12. Or, l'apport de cette vitamine constitue l'un des points critiques des régimes végétariens car une carence en celle-ci peut entraîner des troubles neurologiques et hématologiques.

Pour la nutritionniste Vanessa Gouyot, le soja peut être un aliment intéressant de par sa composition, à condition de bien le choisir. Trois éléments sont à prendre en compte : les quantités de protéines, de matières grasses et de sel. « Un steak qui contient environ 15-20 grammes de protéines, 10 grammes de matières grasses et 1 gramme de sel au maximum, est ce que j'appelle un bon steak de soja », conclut-elle. Mais les spécialistes mettent en garde : le steak de soja est souvent un produit ultra-transformé. La pomme de terre bouillie est un aliment peu ou pas transformé par exemple, l'écraser en ajoutant du beurre et du sel en fait un aliment transformé. Les chips de pomme de terre, auxquels on ajoute des arômes et divers additifs, sont des aliments ultra-transformés. Or, pour les produits transformés ou ultra-transformés, il est recommandé de faire attention à la liste des additifs. Car s'ils sont tous autorisés par l'Union européenne, certains sont plus nocifs que d'autres pour la santé. Les produits transformés ou ultra-transformés perdent également en valeur nutritive.

Les nutritionnistes recommandent d'intégrer ces steaks et produits au soja dans une alimentation variée. Ceci est d'autant plus important que cette plante contient d'autres molécules qui peuvent avoir un effet – positif, mais aussi délétère – sur notre santé : les phyto-estrogènes.

Le soja, principale source alimentaire de phyto-estrogènes

Les graines de soja contiennent naturellement des « phyto-estrogènes ». « Phyto » signifie plante. Les estrogènes sont des hormones sexuelles femelles. Ils sont fabriqués par les femmes et par les hommes, mais en quantité bien plus élevée chez ces premières. Les estrogènes déterminent notamment l'apparition des règles et la fertilité. Leur production cesse à la ménopause.

La structure chimique des phyto-estrogènes présents dans le soja est proche de celle des estrogènes naturellement présents dans notre corps et ils peuvent mimer leur mécanisme d'action. Ils sont capables de se fixer aux mêmes récepteurs, qui se trouvent au niveau des seins, de l'utérus ou encore de la thyroïde. Les phyto-estrogènes sont ainsi capables de moduler les systèmes de régulation hormonaux, de la même manière que les hormones sexuelles femelles, les estrogènes.

Nous savons que les plantes peuvent avoir un effet actif similaire aux hormones féminines depuis que, dans les années 40, des troupeaux de brebis australiens et néo-zélandais furent soudainement atteints de troubles de la reproduction et de la lactation. Après avoir mené l'enquête et éliminé toutes les pistes possibles, il ne restait plus qu'à incriminer l'alimentation de ces animaux : le trèfle rouge et le trèfle souterrain. Deux variétés de trèfle qui contiennent les mêmes phyto-estrogènes que ceux présents dans le soja et qui se nomment : les isoflavones[33]. À l'époque, on a parlé de « maladie du trèfle ». Si d'autres plantes

33. H. W. Bennetts, E. J. Underwood, et F. L. Shier, « A specific breeding problem of sheep on subterranean clover pastures in western australia. », *Australian veterinary journal* 22, 2-12, 1946.

peuvent en contenir, le soja est, lui, reconnu comme étant notre principale source alimentaire d'isoflavones[34].

Les isoflavones doivent être transformées par l'organisme en formes actives dites aglycones et cette transformation peut dépendre de la flore intestinale de chaque individu. Seules les isoflavones dites aglycones peuvent franchir la barrière de notre intestin. Les isoflavones peuvent exister sous forme d'aglycones, mais le plus souvent elles se présentent sous forme de glycosides. C'est un enzyme, présent tout au long de notre intestin, qui transforme les isoflavones glycosides en isoflavones aglycones.

Les phyto-estrogènes présents dans le soja sont en soi moins actifs que les estrogènes, mais ils peuvent malgré tout agir sur notre système hormonal et le perturber. D'autant qu'ils peuvent être présents à des quantités très importantes.

Les deux isoflavones principales contenues dans le soja se nomment génistéine et daidzéine. Selon la composition de notre flore intestinale, la daidzéine peut se transformer ou non en équol, une molécule plus active. Chez les personnes qui produisent de l'équol, les effets de la consommation de soja sont encore plus importants.

Les phyto-estrogènes peuvent-ils soigner ?

À la fin des années 90, les phyto-estrogènes arrivent sur le marché des compléments alimentaires. Ils sont proposés aux femmes ménopausées. À la ménopause, cette période de vie

34. Bingham et al. 1998 ; Mazur & Adlercreutz, 1998, 2000 ; United States Department of Agriculture & Agricultural Research Service, 2004.

qui survient autour de 60 ans, les femmes ne produisent plus d'estrogènes, elles n'ont de fait plus leurs règles et peuvent souffrir de plusieurs maux et inconforts, comme la survenue de bouffées de chaleur. Les compléments alimentaires à base d'isoflavones de soja sont commercialisés comme une méthode pour contrer ces symptômes. En 2003, il existe plus d'une cinquantainc de produits différents contenant des isoflavones sur le marché français[35]. À l'époque, ils sont d'autant plus populaires que les traitements hormonaux substitutifs (THS) utilisés jusque-là contre les effets de la ménopause sont accusés par plusieurs études américaines de provoquer cancers et autres maladies cardio-vasculaires[36]. Les compléments alimentaires à base d'isoflavones de soja, nommés Phytosoya, Sojyam, Isoflavone, Soya Femme ou encore Soja mag, représentent une alternative d'origine végétale considérée comme plus saine. « Non aux bouffées de chaleur 24H/24 », « Aide à réduire les sueurs nocturnes », « Limite l'irritabilité », « Favorise le sommeil réparateur », peut-on lire sur les boîtes. Mais leur efficacité, bien que reconnue par certaines agences sanitaires, ne fait pas l'unanimité.

L'EFFICACITÉ DES COMPLÉMENTS ALIMENTAIRES À BASE D'ISOFLAVONES DE SOJA EN QUESTION

Comme les compléments alimentaires ne sont pas officiellement considérés comme des médicaments, peu d'entre eux sont évalués par une agence sanitaire avant leur mise sur le marché.

---

35. AFSSA (Agence française de sécurité sanitaire des aliments), « Sécurité et bénéfices des phyto-estrogènes apportés par l'alimentation » – Recommandations, Mars 2005, p. 64.
36. Notamment l'étude suivante : « Risks and benefits of estrogen plus progestin in healthy postmenauposal women : principal results for the women health initiative randomized controlled trial », *Journal of the American Medical Association*, 2002

Devant l'augmentation de la consommation des compléments à base d'isoflavones de soja, l'Agence française de sécurité sanitaire des aliments, l'AFSSA, ex-ANSES[37], et l'Agence française de sécurité sanitaire et des produits de santé (AFSSAPS) se sont penchées sur la question de leur efficacité dans un rapport sur les phyto-estrogènes publié en 2005. À l'époque, les experts français concluent à un effet placebo, ce qui signifie que ces compléments n'ont pas d'efficacité réelle sur l'organisme, sinon un effet bénéfique lié au fait de croire qu'ils sont efficaces. Deux ans plus tard, l'agence sanitaire allemande, le BFR, pointe également le manque d'efficacité de ces compléments à base d'isoflavones[38]. Mais en 2009, un avis de l'agence sanitaire canadienne vient changer la donne. Pour les experts canadiens, ces compléments peuvent avoir un impact positif réel sur les bouffées de chaleur et les sueurs nocturnes, ainsi que sur la perte de densité minérale osseuse[39]. Pour en arriver à ces nouvelles conclusions, les experts canadiens mentionnent des études scientifiques récentes que n'ont pas pris en compte les agences sanitaires françaises et allemandes à l'époque, comme l'étude de Howes et coll. qui date de 2006[40] ou celle de Lethaby et coll. qui a été publiée en 2007[41]. « Une revue détaillée de la littérature fournit une quantité probante d'études, dont un bon nombre ont fait l'objet de revues et de méta-analyses

37. Agence nationale de sécurité sanitaire de l'alimentation, de l'environnement et de la santé.
38. « Isolated isoflavones are not without risk », Updated BfR Expert Opinion No. 039/2007, 3 April 2007
39. « Rapport technique – pour résumer la justification scientifique des nouvelles directives de la Direction des produits de santé naturels sur la réglementation des produits à base d'isoflavones de soja. Direction des produits de santé naturels » (DPSN). Santé Canada (SC), août 2009.
40. Howes LG, Howes JB, Knight DC. « Isoflavone therapy for menopause flushes : A systemic review and meta-analysis », *Maturitas*, 2006.
41. Lethaby AE, Brown J, Marjoribanks J, Kronenberg F, Roberts H, Eden J. Cochrane Database of Systematic Reviews, 2007.

systématiques démontrant des améliorations statistiquement et biologiquement significatives des symptômes de la ménopause », m'explique le porte-parole du ministère de la santé canadien. Pour ces experts, si les compléments alimentaires ont pu un temps être considérés sans effet, c'est parce qu'ils ne contenaient pas assez d'isoflavones et surtout de génistéine, l'une des principales isoflavones contenue dans le soja : « Une baisse considérable et uniforme des bouffées de chaleur a été constatée dans les études fournissant 15 mg ou plus de génistéine par jour mais non dans les études en fournissant moins de 15 mg par jour. Par conséquent, la réduction des bouffées de chaleur était liée à la dose de génistéine, non pas à la teneur totale en isoflavones des traitements ». Au Canada, les deux allégations santé suivantes sont depuis autorisées sur les emballages des compléments alimentaires à base d'isoflavones : « Pourrait réduire les symptômes graves et fréquents liés à la ménopause (tels que les bouffées de chaleur et / ou les sueurs nocturnes) »[42] et « Combiné à un apport suffisant de calcium et de vitamine D, aide à réduire / atténuer la perte de la densité minérale osseuse chez les femmes en post-ménopause »[43]. L'agence française, qui avait conclu à un effet placebo, n'a pas actualisé son rapport depuis. En 2012, l'EFSA, l'autorité européenne chargée de l'évaluation des risques dans le domaine alimentaire a publié un avis qui conclut qu'à cette date, aucune relation de cause à effet n'a été établie entre la consommation d'isoflavones de soja et le maintien de la densité minérale

42. D'après le rapport technique de Santé Canada (2009), pour pouvoir utiliser cette allégation, les compléments alimentaires à base d'isoflavones de soja ont besoin de 30 à 100 mg d'équivalents aglycones d'isoflavones (EAI), incluant au moins 15 mg d'équivalents aglycones de génistéine.
43. D'après le rapport technique de Santé Canada (2009), pour pouvoir utiliser cette allégation, les compléments alimentaires à base d'isoflavones de soja ont besoin de 75 à 125 mg d'équivalents aglycones d'isoflavones, sans niveau minimum pour la génistéine.

> osseuse ou la réduction des symptômes vasomoteur (bouffées de chaleur ou sueurs nocturnes) associés à la ménopause[44].

Des études menées sur les populations asiatiques, grandes consommatrices de produits au soja, qui sont moins sujettes à certaines maladies chroniques que les Occidentaux, ont également conduit des chercheurs à penser que ces phyto-estrogènes pouvaient avoir un effet bénéfique sur certains cancers. Dans le rapport réalisé par l'Agence française de sécurité sanitaire des aliments (AFSSA, ex-ANSES) sur les phyto-estrogènes en 2005, les experts ont reconnu qu'ils peuvent prévenir notamment le cancer de la prostate ou du sein dans certains cas[45]. Mais dans une étude publiée en 2017 (et actualisée en 2018) sur les facteurs entraînant le cancer du sein, les experts du Fonds mondial de recherche sur le cancer (World cancer research fund, WCRF) et de l'Institut américain de recherche sur le cancer (American institute for cancer research, AICR) concluent que les preuves concernant l'impact des isoflavones sur la réduction des risques d'apparition du cancer du sein sont limitées et non concluantes[46]. S'il n'existe pas de consensus sur les effets positifs des isoflavones de soja, l'innocuité de ces dernières reste également à prouver. Protectrices pour les uns,

44. « Scientific opinion on the substantiation of health claims related to soy isoflavones and maintenance of bone mineral density (ID 1655) and reduction of vasomotor symptoms associated with menopause (ID 1654, 1704, 2140, 3093, 3154, 3590) (further assessment) pursuant to Article 13 (1) of Regulation (EC) No 1924/2006 » European Food Safety Authority (EFSA). Parme. Italie. 7 septembre 2012.
45. AFSSA (Agence française de sécurité sanitaire des aliments), « Sécurité et bénéfices des phyto-estrogènes apportés par l'alimentation » – Recommandations, mars 2005.
46. « Diet, nutrition, physical activity and breast cancer », WCRF, AICR, 2017, Revised 2018.

ces molécules actives sur le plan hormonal peuvent au contraire être néfastes pour d'autres.

Pourquoi le soja peut nuire à notre santé

En France, la principale lanceuse d'alerte sur les effets néfastes du soja est la chercheuse Catherine Bennetau-Pelissero. Issue de l'École nationale supérieure des sciences agronomiques Bordeaux Sciences Agro, Catherine Bennetau-Pelissero a réalisé une partie de ses recherches à l'Institut national de la santé et de la recherche (INSERM) avant de rejoindre l'Université de Bordeaux où elle est aujourd'hui professeure en sciences animales et nutrition. C'est au début des années 90, lors d'un travail de recherche sur la reproduction des esturgeons, que Catherine Bennetau-Pelissero a découvert le pouvoir des phyto-estrogènes, le soja constituant une part importante de l'alimentation de ces poissons. Depuis, elle a réalisé pas moins de quatre-vingts études sur ces molécules et pour un grand nombre de scientifiques, elle est aujourd'hui la scientifique référente en la matière. Si la chercheuse reconnaît que le soja peut être bénéfique pour notre santé dans certains cas, elle n'a pour autant jamais cessé d'alerter les autorités sanitaires françaises[47] et européennes sur les effets néfastes des phyto-estrogènes du soja chez les animaux et chez les hommes.

C'est elle qui m'a proposée de tenter l'expérience de boire un litre de jus de soja en deux heures, une semaine avant le début de mes règles. « Si vous buvez un litre de jus de soja, vous allez déclencher vos règles dans la nuit », m'a-t-elle assurée.

---

47. À l'époque le Conseil supérieur de l'hygiène publique de France.

Pour faire le test, la scientifique précise qu'il est mieux de ne pas prendre de contraception hormonale, car la présence d'une autre source d'hormones peut perturber le résultat. Boire un litre de jus de soja en deux heures peut sembler extrême et irréaliste. Mais la quantité d'isoflavones ingérée en buvant ce litre de jus de soja est similaire à la consommation d'un repas composé d'un steak de soja, d'un dessert au soja et d'un verre de jus de soja[48]. J'ai donc essayé. Et mes règles ne sont pas survenues dans la nuit comme annoncé, mais effectivement en avance de quatre jours par rapport à leur date d'arrivée normale. Trois jours exactement après la prise du soja. Très étonnée du résultat, j'ai proposé à d'autres femmes de tenter la même expérience. Sept se sont portées volontaires. J'ai demandé à chacune d'elles de tenir un carnet dans lequel elles ont noté les dates de prise de soja et d'arrivée des règles, et de tout autre effet inhabituel. Six mois plus tard, j'ai recueilli l'ensemble des données. Parmi ces femmes, l'une d'entre elles a indiqué « des maux de ventre intenses le lendemain de la prise de boisson », et une autre des « symptômes menstruels plus intenses ». Trois ont noté « l'arrivée des règles en avance par rapport au cycle habituel ». Au total, en incluant mon cas, quatre femmes sur huit ont eu leurs règles en avance. Pour Catherine Bennetau-Pelissero, cela ne fait aucun doute : le soja est bien le responsable. Pour la chercheuse, le fait de boire le jus de soja en moins de deux heures a créé un pic d'estrogènes semblable à celui qui se produit naturellement dans le corps des femmes avant l'arrivée des règles. « Les femmes qui ont eu leurs règles en avance se sont retrouvées avec une surcharge d'estrogènes arrivée brutalement, ce qui a accéléré la maturation de la muqueuse utérine

48. D'après les données disponibles dans la littérature. Voir à partir de la page 62.

et a provoqué sa desquamation[49] plus tôt. La durée entre la prise de soja et l'apparition des règles dépend du degré de maturation de la muqueuse utérine au moment de la prise. Le moment de l'ovulation sert de point de répère pour la prise du soja. Or, les femmes étant toutes différentes et n'ayant pas un développement utérin identique, il peut être compliqué de situer le moment de l'ovulation », ajoute la chercheuse. Le fait que ces phyto-estrogènes agissent sur le fonctionnement hormonal de notre corps inquiète la chercheuse, et elle n'est pas la seule.

Des femmes qui consultent à cause du soja

Installée à Bordeaux, Bérengère Arnal-Schnebelen est gynécologue et phytothérapeute. Non seulement ce médecin partage le constat de la chercheuse, mais au cours de sa carrière, longue de plus de 30 ans, elle dit avoir rencontré plusieurs femmes dont le cycle hormonal a été perturbé par la consommation de soja.

À la fin de l'année 2017, elle reçoit dans son cabinet une jeune femme dont le cycle menstruel est déréglé. « J'ai mes règles, je ne les ai plus pendant deux mois, et je les ai de nouveau, explique la patiente. Cela fait environ six mois que ça dure ». La jeune femme de 17 ans a arrêté de prendre sa pilule contraceptive la même année, mais pour la gynécologue, ça ne peut pas être l'unique raison du dérèglement de son cycle. Huit mois plus tôt, elle a également changé de régime alimentaire. Devenue végétarienne, elle a substitué presque tous les produits d'origine animale par du soja : « J'ai arrêté la viande et je me

49. Détachement de la muqueuse utérine qui donne lieu à l'écoulement sanguin.

suis mise à consommer du soja sous toutes ses formes. Du tofu, du tofu fumé, des galettes de soja, des boissons de soja, des yaourts. Je dirais que cinq jours sur sept dans une semaine, je consomme du soja sous une forme différente ». Pour la gynécologue, la cause de son problème est là : « Ce qu'il se passe chez cette patiente, c'est que le soja qu'elle consomme en excès a apporté des isoflavones de soja estrogéniques en surnombre qui ont dé-régularisé ses cycles ». La jeune femme a du mal à y croire : « Je me disais qu'il y avait forcément quelque chose qui avait causé ce dérèglement mais que ça vienne de mon alimentation, et d'une plante qui plus est, je n'y aurais pas pensé ». Trois mois après avoir arrêté le soja, son cycle menstruel est redevenu normal.

D'autres cas de femmes qui pensent que la consommation de soja a impacté leur cycle me sont rapportés. L'une d'entre elles, Mathilde, a connu un dérèglement de son cycle menstruel qui pourrait être en lien avec sa consommation de soja lorsqu'elle avait 32 ans. Elle en a aujourd'hui 41. À l'époque, la jeune femme a des règles si douloureuses qu'elle décide de prendre une pilule contraceptive du nom de Cérazette qui a pour effet de stopper celles-ci. « Grâce à cette pilule, je n'avais effectivement plus de règles, jusqu'au jour où j'ai décidé de remplacer le lait de vache par des boissons au soja », explique Mathilde. Sportive, elle avait à l'époque trois entrainements de baskets par semaine. Après chacun d'entre eux, elle buvait un litre de jus de soja. « J'ai commencé à avoir en permanence de légers saignements, comme un début de règles ». Et même si la jeune femme n'a fait le lien que plus tard, elle est aujourd'hui catégorique : « Je suis maintenant persuadée que c'était dû au soja car dès que j'ai arrêté d'en prendre, ces pertes se sont aussitôt arrêtées ». Aujourd'hui, Mathilde consomme encore du soja, mais avec parcimonie. Et dès qu'elle fait un écart, elle assure que les effets se font sentir : « Pas plus tard qu'il y a quinze jours, j'ai pris dans la même journée deux desserts au soja et une grande brique de soja au chocolat. Le lendemain, j'avais des pertes de sang qui ne correspondaient à rien dans mon cycle : ce n'était ni le début ni la fin ni la période de mes règles ».

D'autant plus intriguée par ces témoignages, j'ai voulu savoir si les effets du soja sur les cycles menstruels des femmes ont fait l'objet d'études scientifiques sérieuses.

L'impact du soja chez les femmes est démontré scientifiquement

Depuis les années 1960, les effets de la consommation des isoflavones de soja ont fait l'objet de nombreuses études.

ÉTUDES D'OBSERVATION VS ÉTUDES D'INTERVENTION

L'essentiel des études épidémiologiques réalisées chez les humains (à la différence des études sur les animaux) sont dites d'observation : on observe tout simplement les participants. L'observation peut porter sur le régime alimentaire et la survenue de certaines maladies par exemple. Ces études montrent une exposition sur un temps généralement assez long et dans les conditions de la vie réelle. L'inconvénient de ces dernières est qu'il est difficile de conclure une relation de cause à effet car il peut y avoir plusieurs facteurs à l'œuvre dans la survenue de maladies. Il y a trois types d'études d'observation. Les enquêtes transversales permettent d'observer un état de santé dans une population à un moment donné. Elles sont descriptives et ne permettent pas le suivi des patients. Les cohortes permettent, elles, le suivi d'une population dans le temps et l'observation de la survenue d'une pathologie tout en tenant compte d'un facteur d'exposition. Elles sont plus coûteuses et généralement longues, mais elles permettent de définir l'effet de l'exposition et d'estimer un risque relatif. Les enquêtes cas-témoin cherchent aussi à mettre en évidence un lien entre une exposition et une pathologie. Elles sont plus rapides et moins coûteuses, et souvent seul un rapport des chances entre les deux facteurs est calculé.

Les études d'intervention, moins nombreuses, ont elles l'avantage de montrer une relation de cause à effet car les chercheurs interviennent en introduisant un changement. Cela peut être un changement dans le régime alimentaire par exemple, comme l'intégration du soja, pour voir les effets de cet ajout. L'inconvénient est la période d'exposition, généralement plus courte, qui ne permet pas de mettre en évidence les effets à long terme de ce changement.

En 2008, une étude cas témoin publiée dans la revue *Complementary therapies in clinical practice* montre que l'arrêt de la consommation de soja a eu des effets bénéfiques sur la santé reproductive de trois femmes américaines, toutes de grandes consommatrices de soja, parfois à très haute dose[50]. La première femme faisait état de saignements utérins réguliers. Ses examens ont montré la présence d'un polype utérin et d'une maladie bénigne caractérisée par l'apparition de tumeurs hormono-dépendantes mais non cancéreuses. Elle a déclaré que l'apparition des symptômes coïncide avec une consommation de soja

50. A. Chandrareddy, « Adverse effects of phytoestrogens on reproductive health : a report of three cases », *Complementary therapies in clinical practises*, 2008.

plus importante, l'équivalent de 40 mg d'isoflavones par jour. Un mois après l'arrêt du soja, son examen médical ne montrait plus de polype. Les saignements et les douleurs associées ont considérablement diminué. La seconde femme faisait état de douleurs sévères au moment des règles, et également de saignements utérins anormaux. Une endométriose[51] lui a également été diagnostiquée ainsi que cette même maladie bénigne caractérisée par l'apparition de tumeurs hormono-dépendantes mais non cancéreuses. Elle prenait une pilule contraceptive pour calmer les douleurs, sans succès. Elle a indiqué prendre quotidiennement des doses excessives de soja sous la forme de tofu ou de jus de soja. Trois mois après l'arrêt de la prise de soja, ses douleurs ont diminué. La troisième femme faisait elle aussi état de fortes douleurs pendant les règles et de saignements utérins anormaux, ainsi que d'une infertilité secondaire[52]. Elle prenait une pilule contraceptive pour stopper les saignements. Elle a déclaré consommer quotidiennement de très hautes doses de soja sous diverses formes (jus de soja, tofu, protéines de soja), et ce depuis l'âge de 14 ans. À l'arrêt du soja, les symptômes se sont améliorés. Elle est tombée enceinte.

En 1994, la première étude d'intervention[53] qui montre des effets physiologiques des phyto-estrogènes sur les femmes est publiée dans l'influente revue scientifique *American Journal of Clinical Nutrition*. Elle a été réalisée par trois chercheurs, dont

51. L'endométriose est une maladie gynécologique qui se caractérise par le développement, hors de la cavité utérine, de tissu semblable à celui de la muqueuse de l'utérus ou endomètre.
52. On parle d'infertilité secondaire quand une grossesse s'est déjà déclarée dans le passé.
53. A. Cassidy, « Biological effects of a diet of soy protein rich in isoflavones on the menstrual cycle of premenopausal women » , *The American Journal of Clinical Nutrition*, 1994.

l'un des plus grands spécialistes mondiaux des plantes bioactives et du soja, Kenneth Setchell, professeur au centre médical hospitalier pour enfants de Cincinnati dans l'Ohio aux Etats-Unis. Elle montre que seuls 45 mg d'isoflavones, soit l'équivalent d'un steak de soja et parfois simplement d'un bol de jus de soja[54], ont un effet sur les cycles menstruels. Pour l'étude en question, six femmes américaines âgées de 21 à 29 ans, en bonne santé, non végétariennes, ont dû consommer 60g de soja par jour, soit 45mg d'isoflavones, ssuite à une période d'un mois sans consommer de soja. Pendant la période de l'étude, elles ont été hébergées par le centre conduisant l'expérimentation. Ainsi, leur alimentation a été strictement contrôlée. Leur température a été régulièrement relevée afin de déterminer la longueur de leur cycle, sa régularité ainsi que leur statut ovulatoire. Des analyses de sang et d'urine ont également été réalisées. Toutes les participantes avaient des cycles menstruels réguliers avant l'étude. Résultat : cinq femmes sur six ont vu la durée de leur cycle et leur phase folliculaire[55] s'allonger de deux jours. L'effet a disparu à l'arrêt de la prise de soja. Les auteurs attribuent ces effets aux isoflavones et démontrent là encore leur effet perturbateur sur nos hormones. Ces auteurs ont également suggéré que cet allongement des cycles pourrait avoir un effet positif et réduire les risques de cancer du sein hormonant-dépendant.

Une étude d'observation réalisée sur une très grande cohorte de femmes cette fois-ci, qui présente au contraire des effets négatifs, a été publiée en 2014 dans *International Journal of Women Health.* La revue est moins connue, mais la taille de la

54. Comme nous le verrons plus loin, le taux d'isoflavones peut varier d'un produit à l'autre, pour une même catégorie de produit.
55. La phase folliculaire du cycle menstruel correspond à la première partie du cycle qui commence par le début des règles et se termine avec l'ovulation. La deuxième partie du cycle, de l'ovulation au début des règles, est appelée phase lutéale.

cohorte et la quantité importante d'isoflavones ingérée par les participantes méritent que l'on s'y attarde. 11 688 femmes ont participé à l'étude. Elles viennent des États-Unis et du Canada, elles ont entre 30 et 50 ans et elles appartiennent au mouvement chrétien adventiste, un mouvement qui prône un mode de vie sain, sans alcool ni tabac, ainsi que le végétarisme. 54 % des femmes qui ont participé à l'étude sont végétariennes. Elles ont donc une consommation d'isoflavones élevée. Seulement 6 % ont déclaré ne jamais en consommer. L'étude a révélé que chez les femmes consommant de fortes doses d'isoflavones (12 % d'entre elles), la chance de devenir mère était réduite de 3 % en comparaison aux femmes qui en consommaient peu. Le risque de ne jamais tomber enceinte était 13 % supérieur chez les femmes qui consommaient de fortes doses. Les chercheurs concluent à une augmentation des risques de stérilité lorsque l'on consomme des doses élevées d'isoflavones de soja[56].

Plusieurs études scientifiques démontrent bien que les isoflavones de soja peuvent avoir un impact sur les cycles des femmes, et les effets sont multiples. Ils pourraient être positifs dans certains cas, mais néfastes dans d'autres. Des études scientifiques ont également montré l'impact des isoflavones sur la fertilité masculine.

56. B.K. Jacobson, « Soy isoflavone intake and the likelihood of ever becoming a mother : the Adventist Health study-2 », *International journal of women health*, 2014.

Le soja et son impact sur la fertilité masculine

Plusieurs études révèlent également que le soja pourrait avoir un impact sur la production de spermatozoïdes et sur la fertilité masculine.

En 2008, une étude d'observation sur l'impact de la consommation d'isoflavones sur la qualité des spermatozoïdes a été publiée dans la très sérieuse revue scientifique *Human Reproduction.* Elle a été menée par Jorge Chavarro, professeur de nutrition et d'épidémiologie à la Harvard Medical School de Boston. Son étude, menée auprès d'hommes en consultation au centre de fertilité de l'hôpital du Massachusetts pour des problèmes d'infertilité, montre que plus les hommes consomment du soja, plus la concentration spermatique diminue[57]. Quatre-vingt-dix-neuf volontaires ont participé à l'étude. Pour chacun, des échantillons de sperme ont été prélevés puis une étude comparative relative à leur alimentation a été menée avec une attention portée sur la quantité d'isoflavones ingérée. Quantité d'isoflavones calculée par rapport aux taux moyens répertoriés pour chaque aliment par le Département d'agriculture américain[58]. Plusieurs facteurs pouvant impacter la fertilité ont été considérés comme l'âge ou la consommation de tabac et d'alcool. Mais même après la prise en compte de ces facteurs, la consommation d'isoflavones a été jugée significative par les auteurs de l'étude, qui concluent que plus la consommation d'isoflavones de soja est élevée, plus la concentration spermatique diminue. Dans cette étude, les consommateurs de grandes quantités de produits à base de soja avaient en

57. J.E. Chavarro, « Soy food and isoflavone intake in relation to semen quality parameters among men from an infertility clinic », *Human reproduction,* 2008.
58. « USDA-Iowa State University database on the isoflavone content of foods », United States Department of Agriculture. Release 1.4-2007.

moyenne 35 millions de spermatozoïdes en moins par millilitres que ceux qui n'en mangeaient pas. La consommation en isoflavones de ces hommes américains est proche de celle des hommes français.

En 2013, une étude d'observation réalisée sur une cohorte beaucoup plus importante d'hommes – 1175 hommes chinois – montre là encore que la consommation d'isoflavones peut nuire à la production spermatique et même être à l'origine de l'infertilité[59]. Elle a été publiée dans l'influente revue scientifique *International Environment.* Le panel est composé d'hommes fertiles et infertiles. Les auteurs se sont appuyés sur des questionnaires ainsi que des analyses urinaires pour mesurer les taux de phyto-estrogènes. Ils ont observé les taux d'isoflavones consommés par ces hommes et conclu que ceux qui présentaient les plus hauts taux sont les plus susceptibles d'être infertiles. Les hommes participants à l'étude consomment de plus grandes quantités d'isoflavones que les Occidentaux. Aucun effet n'a été perçu aux doses prises par les Occidentaux, contrairement à l'étude de Chavarro citée plus haut[60].

Une étude publiée cette fois dans le très sérieux *Journal of clinical nutrition*[61] conclut, elle, que la consommation de phyto-estrogènes ne peut pas agir sur la fertilité du couple. Elle a été menée sur une population de 501 hommes américains qui ont une consommation d'isoflavones généralement moins élevée que les Asiatiques. Chaque homme a donné jusqu'à deux échantillons de spermatozoïdes qui ont été analysés. Bien

59. Y. Xia, « Urinary phytoestrogens levels related to idiopathic male infertility in Chinese men », *Environment International,* 2013.

60. J.E. Chavarro, 2008.

61. S.L. Mumford, « Urinary phytoestrogens are associated with subtil indicators of semen quality among male partners of couples desiring pregnancy », *The Journal of Nutrition*, 2015.

que la concentration en phyto-estrogènes, et en particulier en génistéine et daidzéine, dans les urines de ces Américains puisse être associée à des changements dans la qualité des spermatozoïdes, l'étude conclut que cela ne peut pas jouer un rôle sur la fécondité du couple.

La question de l'impact du soja sur la fertilité masculine n'est donc pas tranchée aujourd'hui.

Soja et reproduction

L'infertilité progresse. Le fait que les femmes se reproduisent plus tard peut en être l'une des raisons, mais l'infertilité masculine est en hausse elle aussi[62]. Si les causes sont multifactorielles – tabac, surpoids, environnement – les soupçons se portent aussi aujourd'hui sur les perturbateurs endocriniens. Or, le soja est considéré aujourd'hui comme un perturbateur endocrinien important[63]. Le centre Artemis est la première plateforme d'évaluation et de prévention de la santé environnementale consacrée à la reproduction mise en place en France. Créée en 2016, elle est installée au coeur du CHU de Bordeaux. Ici, les médecins étudient l'impact de l'environnement sur la fertilité des couples. Pour l'instant, le centre ne prend pas en compte le soja dans les possibles causes d'infertilité car il exclut dans ses enquêtes les polluants provenant de l'alimentation. Mais la coordinatrice du centre, le docteur Fleur Delva, avec qui j'ai pu m'entretenir par téléphone en avril 2019, me confie qu'elle réfléchit depuis un moment déjà à intégrer le soja dans ses études. « Il a une activité

62. J. Schlosser, « Infertilité masculine : définition et physiopathologie », *Annales d'urologie,* 2007.
63. AFSSA, 2005.

estrogénique donc de fait il peut avoir une activité de perturbation endocrinienne », affirme-t-elle. Dans son rapport sur les phyto-estrogènes publié en 2005, l'Agence française de sécurité sanitaire de l'alimentation, l'AFSSA (ex-ANSES), a présenté l'ensemble des risques liés à la consommation de phyto-estrogènes et appelé à la prudence, notamment parce qu'ils peuvent interférer avec le système hormonal[64]. René Habert est expert auprès de l'agence nationale de sécurité sanitaire française (ANSES). Il est également chercheur à l'Institut national de la santé et de la recherche médicale (INSERM), au Commissariat à l'énergie atomique et aux énergies alternatives (CEA), et professeur émérite à l'Université Paris-Diderot. Dans le Laboratoire de développement des gonades, il s'intéresse notamment au développement des cellules fœtales et à leur altération par les perturbateurs endocriniens. « Il est clair que la génistéine du soja a des effets estrogéniques », affirme le chercheur qui déconseille absolument le soja aux enfants, et en particulier aux petits garçons. Dans une étude publiée en 2011[65], il a en effet montré que la génistéine du soja peut avoir des effets délétères sur le testicule fœtal, et ainsi affecter le développement et le fonctionnement du système reproducteur masculin. Pour René Habert, il faut « impérativement alerter sur le fait de ne pas donner de boissons à base de soja aux enfants. Cela consiste à donner des estrogènes à un organisme qui n'en produit pas à ce moment-là. Nous savons que ces estrogènes peuvent baisser la qualité du sperme in utero », explique-il avant de conclure : « Donner des boissons à base de soja aux enfants est criminel ». Dans le rapport de l'agence française de sécurité sanitaire de 2005 sur les

64. AFSSA, 2005.
65. R. Habert. « Genistein impairs early testosterone production in fetal mouse testis via estrogen receptor alpha », *Toxicology in vitro*, 2011.

phyto-estrogènes, les experts français déconseillent la consommation de soja aux enfants de moins de 3 ans, notamment via la consommation des laits infantiles à base de soja. Proposée au début des années 1960 aux États-Unis comme substitut pour les nourrissons intolérants au lait de vache, la consommation des laits infantiles à base de soja a nettement augmenté en France au début des années 2000 avant de ralentir, en partie suite à ce rapport de l'AFSSA de 2005 qui pointe les risques associés à leur consommation. Aujourd'hui, ces préparations infantiles à base de soja sont difficiles à trouver en pharmacie mais elles peuvent encore être commandées sur internet.

Cancers et interaction avec la thyroïde

Le rapport de l'Agence nationale de sécurité sanitaire française de 2005 déconseille également la consommation de phyto-estrogènes aux femmes enceintes car, consommés pendant la grossesse, ils peuvent augmenter le risque de cancers du testicule et du sein chez l'enfant à venir. D'après ces experts, la consommation de soja et de compléments alimentaires à base d'isoflavones peut aussi accélérer le développement de cellules cancéreuses hormono-dépendantes, notamment chez les femmes ayant ou ayant eu un cancer du sein et celles qui ont des antécédents familiaux de cancer du sein. Les experts français mettent également en garde les sujets qui présentent des troubles de la fonction thyroïdienne, les isoflavones pouvant agir en interaction avec celle-ci. La consommation de compléments alimentaires à base d'isoflavones de soja est aussi déconseillée en cas d'hypothyroïdie parce qu'elle peut empêcher l'efficacité du traitement qui y est associé. Contactée, l'agence française indique que ce rapport de 2005 fait toujours foi. En 2019, sur la notice du Lévothyrox[66], un médicament prescrit justement en cas d'hypothyroïdie, on peut lire ce message : « Le soja peut diminuer l'efficacité de ce médicament. Votre médecin pourra donc être amené à modifier la posologie de votre traitement au début ou à la fin d'une supplémentation en soja »[67]. En mars 2019, la Haute autorité de santé, autorité publique indépendante, a également mis en garde, dans un guide sur la conciliation des traitements médicamenteux en cancérologie[68], sur les interactions médicamenteuses que certains compléments alimentaires peuvent provoquer. Elle cite un rapport de l'Académie nationale de pharmacie publié en 2018[69] qui alerte sur le fait que les compléments alimentaires à base de soja peuvent altérer les effets d'autres médicaments et notamment ceux de certains traitements anti-cancéreux. On peut ainsi lire dans ce rapport : « Les compléments alimentaires à base de soja sont déconseillés en cas de cancers hormonodépendants du sein, de l'utérus ou des ovaires et lors d'un traitement à base de tamoxifène et de létrozole (deux traitements prescrits en cas de cancers du sein ndlr) ».

Au vu des risques mentionnés ci-dessus, en 2005, l'agence française de sécurité sanitaire de l'alimentation a recommandé de limiter notre consommation quotidienne de phyto-estrogènes. Elle conseille ainsi de ne pas dépasser 1mg par kilo de poids corporel et par jour. Ainsi, selon l'AFSSA, un homme de 80 kilos ne devrait pas consommer plus de 80 mg de phyto-estrogènes

66. Médicament qui a pour but de remplacer une hormone produite normalement par la thyroïde, la thyroxine.

67.http://base-donnees-publique.medicaments.gouv.fr/affichageDoc.php?specid=68416845&typedoc=N

68. « La conciliation des traitements médicamenteux en cancérologie », Haute autorité de santé (HAS), mars 2019.

69. « Les compléments alimentaires contenant des plantes », Rapport de l'Académie nationale de pharmacie, 2018.

par jour et une femme de 60 kilos devrait se limiter à 60 mg. Pour un homme de 80 kilos, cela correspond, d'après les taux moyens d'isoflavones publiés disponibles, à un steak de soja et un gros bol de jus de soja. Pour une femme de 60 kilos, c'est un steak et un verre de jus de soja. La limite pour un enfant de 20 kilos peut être atteinte avec un demi-steak de soja.

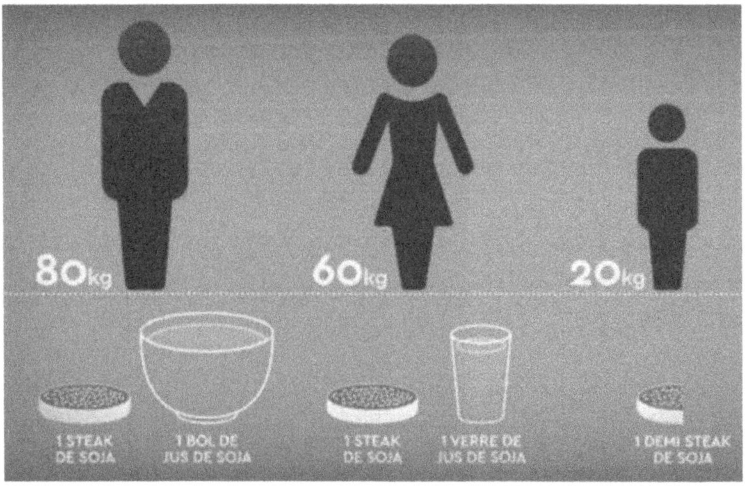

© *Soja, la grande invasion*. France 5, KM, 2018. Jean-Marie Le Rouzic

D'après plusieurs rapports des agences sanitaires française et européenne, nous dépassons déjà cette limite recommandée.

On peut dépasser la limite recommandée avec un seul steak de soja

En 2011, l'agence française de sécurité sanitaire de l'alimentation, de l'environnement et du travail (ANSES, ex-AFFSA) a publié deux études sur l'alimentation totale

(EAT)[70]. Ce type d'étude consiste à prélever sur différents points de vente les aliments régulièrement consommés par la population, préparés selon les recettes les plus courantes, et à les analyser pour lister les substances potentiellement toxiques. Dans l'étude sur l'alimentation totale numéro 2, qui cible l'exposition des adultes et enfants de plus de 3 ans, l'agence a recherché la présence de 11 phyto-estrogènes naturellement présents dans les plantes, dont les isoflavones de soja. Les apports ont été comparés à la limite recommandée en 2005 de 1mg par kilo et par jour de phyto-estrogènes. Cette étude montre que la proportion d'adultes qui dépassent cette limite maximale est de 0,07 % et que la proportion des enfants de plus de 3 ans qui dépassent cette limite est de 0,5 %. Bien que le rapport ait également pris en compte les phyto-estrogènes provenant d'autres végétaux, il précise que ceux qui atteignent et dépassent la limite sont de grands consommateurs de soja : « Il ressort de cette nouvelle évaluation que les sujets présentant les apports les plus élevés, notamment ceux atteignant la limite maximale d'exposition sont des adultes et des enfants forts consommateurs de produits à base de soja (boissons au soja, desserts au soja, escalopes végétales à base de soja, tofu, etc) »[71]. En 2005, dans son rapport sur les phyto-estrogènes, l'agence de sécurité sanitaire française avait déjà étudié la quantité de phyto-estrogènes présente dans un régime occidental traditionnel, et lorsque des aliments à base de soja sont introduits. Les experts français avaient calculé que « l'introduction de plusieurs aliments à base de soja peut amener à des apports 1 000 à 10 000 fois plus élevés que les

70. « Étude de l'alimentation totale française 2 (EAT 2), Tome 1. Contaminants inorganiques, minéraux, polluants organiques persistants, mycotoxine, phyto-estrogènes », Avis de l'ANSES. Rapport d'expertise. Édition scientifique, juin 2011.
71. « Étude de l'alimentation totale française 2 (EAT 2) », 2011, p.142.

apports observés par un régime occidental traditionnel. Ces apports sont également comparables voire supérieurs à ceux observés dans les populations asiatiques »[72].

En 2015, un rapport réalisé par l'agence de sécurité sanitaire européenne[73] cette fois-ci, l'EFSA, souligne que « chez les femmes aux habitudes alimentaires particulières comme les consommatrices de soja ou les végétariennes, l'apport d'isoflavones dans leurs régimes alimentaires pourrait être similaire à celui des compléments alimentaires ». Il y est précisé que « la seule consommation de certains produits à base de soja (boissons au soja, dessert, tofu), en une seule journée, pourrait contribuer à un apport d'isoflavones du même ordre de grandeur que celui estimé dans la prise de compléments alimentaires[74] ». Au vu des données disponibles publiées sur les doses d'isoflavones contenues dans les produits alimentaires, un seul steak de soja peut donc déjà contenir la même dose de phyto-estrogènes que la dose quotidienne de compléments alimentaires pour femmes ménopausées ! Imaginez donc : un seul steak de soja ! Ce qui différencie les isoflavones contenues dans les produits au soja de celles contenues dans les compléments alimentaires à base d'isoflavones, c'est leur biodisponibilité. Les secondes sont plus biodisponibles que les premières, c'est-à-dire qu'elles peuvent être plus actives[75]. Sinon, ces substances à effet hormonal agissent de la même manière dans notre corps.

72. AFSSA, 2005, p.67.

73. « Scientific opinion on the risk assessment for peri- and post-menopausal women taking food supplements containing isolated isoflavones », EFSA ANS Panel (EFSA Panel on Food Additives and Nutrient Sources added to Food), EFSA Journal 2015, 2015.

74. EFSA, 2015.

75. S. Vergne. « Higher bioavailability of isoflavones after a single ingestion of a soya-based supplement than a soya-based in young healthy males », *British Journal of Nutrition*, 2008.

Quelles sont les teneurs en isoflavones contenues dans les aliments au soja que nous mangeons ?

Les isoflavones étant naturellement présentes dans le soja, tous les produits à base de soja en contiennent, en quantité plus ou moins importante. Pour avoir une première idée de notre exposition, nous pouvons notamment nous baser sur les études scientifiques publiées et les bases de données utilisées par les agences sanitaires en France et ailleurs dans le monde.

Le premier tableau ci-dessous montre la teneur en isoflavones de plusieurs produits commercialisés en France. Il est extrait d'un article publié en 2008 dans le très sérieux *British Journal of Nutrition*[76] qui a été rédigé par des chercheurs français. Les teneurs en isoflavones retrouvées dans les produits vont de 4,91 mg pour une portion de « soja cuisine » – l'alternative à la crème fraîche – à 95,8 mg pour une portion de tofu nature de 125g. D'après le rapport de l'agence française qui recommande de ne pas dépasser 1mg par kg et par jour de phyto-estrogènes, il faudrait peser plus de 95 kilos pour ingérer cette portion de soja sans risque. La boisson au soja de la marque Soy peut contenir jusqu'à 70,4 mg pour une quantité équivalente à un verre d'eau. Une femme de 60 kilos aura dépassé sa limite quotidienne recommandée en buvant ce verre de jus de soja. Un enfant également.

76. S. VERGNE, 2008.

Quantité d'isoflavones dans plusieurs produits au soja commercialisés en France

Plusieurs mesures ont été effectuées pour calculer la teneur en phyto-estrogènes de ces produits alimentaires. Pour plus de lisibilité, nous avons enlever les chiffres correspondant aux marges d'erreur, mais elles sont bien prises en compte dans le calcul qui mène au résultat final.

Teneur en isoflavones dans une base solide.

Produits à base de soja	Fabricant	Portion (g)	Génistéine (mg / g)	Daidzéine (mg / g)	Total des isoflavones (mg / g)	Apport en isoflavones par portion (mg)
Croq'soja à la provençale	Gerblé	100	0,32	0,22	0,54	54,1
Croc Tofou	Soy	100	0,29	0,31	0,60	59,83
Tartimi	Le Sojami	40	0,34	0,28	0,62	24,8
Senja	Danone	100	0,09	0,08	0,17	17,13
Sojasun cuisine	Sojasun	20	0,13	0,12	0,25	**4,91**
Tofu nature	Bjorg	125	0,42	0,34	0,77	**95,8**
Dessert au soja au chocolat	Biosoy	100	0,10	0,11	0,21	20,6
Saucisses au soja	Soycisses	90	0,26	0,23	0,49	44,1
Galette tofu	Tossolia	100	0,23	0,15	0,38	38,3

Source : données extraites de l'étude « Higher bioavailability of isoflavones after a single ingestion of a soya-based supplement than a soya based food in young healthy males », *British Journal of Nutrition*, 2008

Teneur en isoflavones dans une base liquide

Produits à base de soja	Fabricant	Portion (g)	Génistéine (µg/ml)	Daidzéine (µg/ml)	Total des isoflavones (µg/ml)	Apport en isoflavones par portion (mg)
Boisson végétale soja chocolat	Bjorg	250	55,8	31,4	87,2	21,8
Jus de soja	Soy	250	143,3	138,2	281,5	**70,4**
Lait de soja goût vanille	Regain	250	82,7	46,3	129	32,3
Boisson au soja	Sojasun	250	78,3	63,7	142	35,5
Boisson au soja	Provamel	250	51,5	31,7	83,2	20,8

Source : (voir plus haut)

En 2015, l'agence sanitaire européenne, l'EFSA, a regroupé des données sur les taux en isoflavones de plusieurs pays. Ce comparatif montre que les taux varient considérablement et peuvent être très élevés. Jusqu'à 196 mg d'isoflavones pour 100 grammes d'un jus de soja vendu aux États-Unis et 53,3 mg pour 100g de tofu vendu en France.

Comparaison entre les taux en isoflavones retrouvés en France et dans d'autres pays

Produit	Isoflavones (mg/100g)	Source
Lait de soja	18	Phenol-Explorer, base de données internet
Lait de soja, 7 produits différents (min-max)	6-10	Étude Chan et alumni, 2009
Yaourt au soja	33,2	Données du Département de l'Agriculture des Etats-Unis
Yaourt au soja	84,3	Phenol-Explorer
Saucisse au soja	26,8	
Lait de soja, 9 produits différents (min-max)	0,7-10,7	Données du Département de l'Agriculture des États-Unis.
Lait de soja, 2 produits différents (min-max)	44,7-**196**	
Tofu, 16 produits différents (min-max)	9,4-48,5	
Fromage de soja, 7 produits différents (min-max)	6-25,7	
Farine de soja, 4 produits différents (min-max)	151-178	
Boisson au soja ou lait de soja (tonyu)	15	Agence nationale de sécurité sanitaire de l'alimentation, de l'environnement et du travail (ANSES), 2011, internet
Côtelettes végétales à base de soja	12,8	
Dessert soja goût chocolat	5,9	
Dessert soja aux fruits	6,8	
Dessert soja nature	4,6	
Sauce soja	0,9	
Tofu	**53,3**	
Huile de soja	0,8	

Source : « Risk assessment for peri- and post-menopausal women taking food supplements containing isolated isoflavones », EFSA, 2015

Afin d'avoir une idée plus précise des taux en isoflavones contenus dans les produits au soja commercialisés dans nos supermarchés aujourd'hui, j'ai envoyé plusieurs produits à Catherine Bennetau-Pelissero, la chercheuse spécialiste des phyto-estrogènes de l'École nationale supérieure des sciences agronomiques de Bordeaux (Bordeaux Sciences Agro). Elle réalise régulièrement des analyses en phyto-estrogènes des aliments à base de soja dans son laboratoire. Les résultats, regroupés dans le tableau ci-dessous, montrent que ce sont les graines de soja toastées pour l'apéritif qui contiennent les plus hauts taux d'isoflavones, avec 247,74 mg d'isoflavones pour 100 grammes de produit. Une partie de l'eau ayant été éliminée des graines toastées, les protéines mais aussi les isoflavones sont plus concentrées. Elles sont suivies par les graines de soja non transformées qui en contiennent 83,87 mg. Vient ensuite le steak végétal « tomates oignon » dont la teneur est de 55,51 mg pour 100 grammes de produit.

Dans un autre tableau ci-après, j'ai regroupé les valeurs dosées au fil des années par la chercheuse.

Quantité d'isoflavones dans plusieurs produits au soja commercialisés en France en 2017

Produit	Marque	Taille produit	% Soja	Génistéine moyenne µg/g	Génistéine SD µg/g	Daidzéine moyenne µg/g	Daidzéine SD µg/g	Total µg/g	SD total µg/g	Portion	Total par portion (mg)	Total en mg pour 100 g
Méli-mélo de légumes secs	Bjorg	300 g	9,9%	98,81	1,90	62,90	6,35	161,71	8,25	300 g 1 plat repas	48,51	16,17
Dessert végétal caramel	Sojasun	100 g x 4	81 %	39,99	2,86	17,89	0,70	57,89	3,56	1 crème 100 g	5,79	0,36
Boisson de soja		1 litre	100 %	51,32	8,16	39,83	4,39	91,14	12,55	350 mL	31,90	9,11
Mini-viennoises	Taifun	160 g	55 %	134,15	10,55	66,95	5,53	201,10	16,07	80 g 3 saucisses	16,09	20,11
Soya party nature	Soy	70 g	96 %	1360	51,32	1117,42	119,30	2477,42	170,61	23 g 1/3 du paquet	56,98	**247,74**
Graine soja conventionnel	Coq	500 g	100 %	490,98	6,62	347,68	78,26	838,67	84,88	100 g	83,87	**83,87**
Tofu fumé	Taifun	100 g	96 %	273,54	15,33	178,34	5,50	452,08	20,83	1 portion 100 g	45,21	45,21
Tofu à l'ail des ours		80 g	96 %	216,74	9,60	138,25	4,09	354,99	13,69	1 portion 80 g	28,40	35,50
Tofu nature	Tossolia	125 g	100 %	225,27	75,14	117,22	7,43	342,49	82,57	1 portion 125 g	42,81	34,25
Haché végétal à la bolognaise	Idée végétale	240 g	96 %	244,73	81,73	155,40	8,25	400,13	89,98	1 portion 120g	48,02	40,01
Steack végétal tomates oignons		90 g	96 %	332,44	11,39	222,65	3,29	555,09	14,68	1 portion 90 g	49,96	**55,51**

Source : Bordeaux Science Agro

Quantités d'isoflavones présentes dans plusieurs produits au soja commercialisés en France ces dix dernières années

Résultats publiés

	Génistéine (µg/g)	Daidzéine (µg/g)	Total (µg/g)	Portion de taille raisonnable	Apport pour 1 portion (µg/g)
Tonyu	91,37	49,57	140,94	1 bol (350 ml)	49,33
Yaourts	44,70	37,40	82,20	1 yaourt	8,22
Yaourt allégé	125	129,19	254,31	1 yaourt	30,51
Crème soja vanille	29,82	19,39	49,21	100 g	4,92
Boisson soja goût chocolat	107	70	178,75	1 tasse (330 ml)	58,98
Fromage aux herbes à base de soja	368,39	357,23	725,62	50g	36,28
Tofu	48	46,16	95,27	1 portion (100g)	9,53
Tofu pané 1	150,33	71,22	221,55	1 portion (100g)	22,15
Tofu pané 2	289,29	188,49	477,78	1 portion (100g)	47,77
Tofu à l'ail	216,74	138,25	354,99	1 portion (80g)	28,4
Alternative à la crème, à base de soja	70,08	63,16	134,95	20 ml	2,7
Saucisses soja	259,50	231	490,50	2 saucisses (90 g)	44,14
Galettes au sarrasin et tofu	228,50	154	382,50	1 galette (100 g)	38,25
Galettes de soja à la provençale	227,15	129,48	356,63	1 galette (100 g)	35,66
Fève de soja conventionnel	490,98	347,68	838,67	100 g	85,42
Fèves de soja grillées (apéritif)	1360	1117,42	2477,42	20 g	49,55

Source : C.Bennetau-Pelissero, « Natural Estrogenic Substances, Origins, and Effects. J.-M. Mérillon », K. G. Ramawat (eds.), *Bioactive Molecules in Food*, Reference Series in Phytochemistry, Springer International Publishing AG, 2018

Autres résultats

	Génistéine (µg/g)	Daidzéine (µg/g)	Total (µg/g)	total pour 100 g ou 100 ml	Taille d'une portion	Dose/ portion (mg)
Protéine de soja texturé	615	436,97	1051,97	105,20	100 g	105,20
Tonyu	91,37	49,57	140,94	14,09	350 mL	49,33
Dessert vanille au soja	159,50	63,20	224,10	22,36	110 mL	24,60
Crème de soja	55,30	36,77	92,07	9,21	50 mL	0,46
Croc tofou à la provençale	165,83	113,37	279,20	27,92	100 g (1 croc)	27,92
Palets soja petits légumes bio	131,23	118,92	250,15	25,02	100 g (1 palet)	25,02
Palets soja tomates, herbes de Provence	172,07	121,78	293,85	29,39	100 g (1 palet)	29,39
Pavés de soja et boulgour	192,08	135,65	327,73	32,77	90 g (1 pavé)	29,50
Steak de soja à l'indienne	117,18	88,70	205,88	20,59	100 g (1 steak)	20,59
Lait de soja maternisé (µg/mL), portion pour un bébé de 4 mois d'environ 7 kilos						
Lait soja 1er âge n°1	17,40	13,10	30,50	30,50	900 mL	27,45
Lait soja 1er âge n°2	26,50	11,60	38,10	38,10	900 mL	34,29

Source : Bordeaux Sciences Agro.

L'ensemble des données disponibles sur les teneurs en isoflavones des aliments au soja met en évidence une grande variabilité entre les différents produits. Les isoflavones étant plutôt liées aux protéines qu'aux lipides, l'huile de soja ou la lécithine n'en contiennent pratiquement pas. La sauce soja non plus. Notamment parce que dans certaines recettes, cette sauce contient autant de soja que de blé ! Les graines de soja toastées pour l'apéritif, les farines de soja et les flocons de soja, mais aussi les préparations pour nourrissons à base de protéines de soja contiennent, elles, des quantités d'isoflavones importantes. Les tableaux ci-dessus montrent que les taux d'isoflavones sont également très variables au sein de la même catégorie de produit, c'est-à-dire d'un jus de soja à l'autre ou d'un steak végétal à l'autre.

C'est notamment parce que les taux en isoflavones peuvent fortement varier d'un produit à l'autre que l'AFSSA a émis une autre recommandation dans son rapport de 2005, adressée aux industriels cette fois-ci ; celle d'indiquer sur les emballages le taux en phyto-estrogènes de leurs produits ainsi que les messages d'avertissements ci-dessous :

> « Contient X mg d'isoflavones (famille des phyto-estrogènes)
>
> À consommer avec modération (limiter la consommation quotidienne à 1mg/kg poids corporel)
>
> Déconseillé aux enfants de moins de 3 ans ».[77]

En octobre 2019, soit treize ans après la publication de ce rapport, sur la centaine de produits que j'ai pu vérifier, aucun ne faisait mention du taux en isoflavones. Sur plus d'une trentaine de magasins visités, je n'ai trouvé qu'une seule mise en garde. Elle apparaît sur un jus de soja de la marque Monoprix :

> « Déconseillé aux enfants de moins de 3 ans et aux femmes enceintes. Cette boisson ne peut être utilisée comme un aliment unique pour un nourrisson de moins de 12 mois ».

J'ai contacté la marque. On m'a indiquée que cette mention est présente depuis le milieu de l'année 2019 « sur certaines

77. AFSSA, 2005, p. 353.

catégories de produits à forte teneur en soja, donc forte teneur en isoflavones » comme les boissons au soja ou le tofu. Il s'agit d'une recommandation et non d'une obligation légale, les industriels ne risquent donc rien à ne pas mentionner ces informations sur leurs emballages.

Comme les fabricants en grande majorité taisent la teneur en phyto-estrogènes de leurs produits, il nous est impossible d'en connaître précisément notre consommation. Impossible donc également de la limiter. D'autant que le soja et ses isoflavones se cachent également là où l'on ne les attend pas.

Du soja caché dans le boeuf, le veau, le poulet et le poisson

Car le soja est présent presque partout. Pour s'en rendre compte, il suffit de prendre le temps de lire la liste des ingrédients des produits alimentaires que nous consommons. Il y a du soja dans le chocolat, dans les nouilles, dans certains biscuits apéritifs, dans les céréales ou les goûters pour enfants, et même dans certains chewing-gums. L'ingrédient fabriqué à partir de soja que l'on trouve dans de nombreux produits alimentaires est la lécithine de soja. La lécithine, sous forme de poudre ou liquide, est un émulsifiant : il facilite le mélange des ingrédients. C'est un additif alimentaire autorisé en Europe sous le nom E322. Lorsqu'il est utilisé, les industriels doivent en faire mention. Pour obtenir cette lécithine, les graines de soja sont pressées. Il en ressort de l'huile qui sera ensuite traitée pour séparer la lécithine. Elle est ce qu'on appelle un co-produit de la production d'huile végétale. La lécithine concentre très peu d'isoflavones et elle est présente en si petite quantité dans les aliments que l'on ingère très peu d'isoflavones sous cette forme. Les isoflavones que l'on consomme en quantité plus importante, et souvent sans le savoir, se cachent dans les viandes et les plats préparés, le poisson et aussi dans les produits de boulangerie[78]. En 2015, le rapport de l'EFSA indiquait que les taux d'isoflavones ingérés par les populations sont certainement sous-estimés par les études conduites car la teneur en isoflavones cachée n'a jamais été mesurée[79]. Dans les produits cités ci-dessus, le soja prend la forme de farine, de concentré ou d'isolat protéique. Des matières protéiques végétales de plus en plus utilisées par les industries agroalimentaires[80]. La farine de soja s'obtient après broyage de la graine de soja dont on enlève un maximum de lipides à l'aide d'un solvant, jusqu'à en contenir moins de 1 %. Elle est mélangée à d'autres farines pour la fabrication de pains, de pâtisserie, de gâteaux et de biscuits car elle permet de blanchir les pâtes. L'industrie utilise les concentrés et isolats de soja pour leur forte teneur en protéines. Un concentré contient 65 à 90 % de protéines, un isolat 90 %.

78. https://www.mcm-casing.fr/notre-gamme/prot %C3 %A8ine-de-soja-solbar/
79. EFSA, 2015, p.137.
80. « Les matières protéiques végétales. Un marché en plein essor. Des consommateurs en pleine attente », GEPV, 2012.

Exemple de produits de boulangerie et pâtisserie dans lesquels la farine de soja est ajoutée

FARINE DE SOJA DÉGRAISSÉE

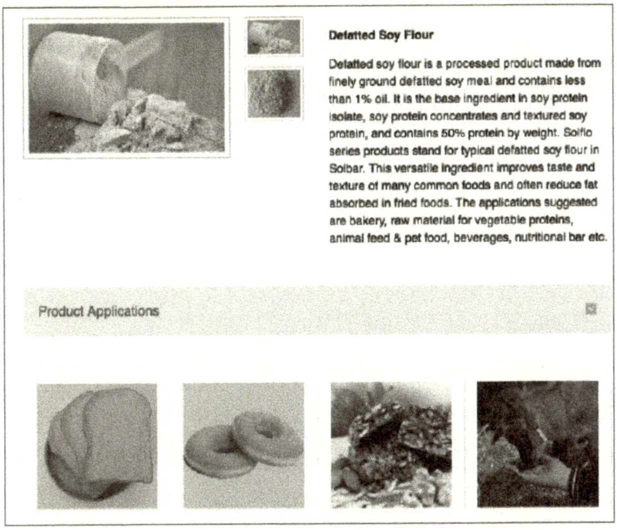

Source : http://www.solbar.com/cn/products.php?tid=15&pid=13

La farine de soja dégraissée est un produit transformé fabriqué à partir de soja dégraissé finement broyé, elle contient moins d'un pourcent de matière grasse. C'est l'ingrédient de base de l'isolat de protéine de soja, du concentré de protéine de soja et de la protéine de soja soyeux. Elle contient cinquante fois son poids en protéines. Cet ingrédient multi-usage améliore le goût et la texture de bien des aliments courants et réduit souvent la proportion de graisse des plats frits. Il est préconisé de l'utiliser en boulangerie, dans les produits bruts de protéines végétales, pour l'alimentation animale ainsi que dans la nourriture pour animaux de compagnie, dans les boissons, les barres nutritionnelles etc.

Ces isolats de soja constituent également l'ingrédient principal des poudres protéinées utilisées par les sportifs qui souhaitent développer leur musculation. Le soja est également utilisé dans les sauces, les produits de charcuterie et dans la viande. Ce sont souvent les mêmes protéines de soja texturées que celles utilisées dans l'usine de Joël Pichon pour la fabrication des steaks végétaux, dont la texture est similaire à celle de la viande, qui sont ainsi incorporées dans ces produits. Dans un steak haché, un morceau de poulet ou des boulettes de veau, le soja peut ainsi remplacer jusqu'à 30 % de la viande. Un document visible sur le site internet[81] du GEPV, le Groupe d'étude et de promotion des protéines végétales, explique en partie pourquoi les industriels ont parfois recours à l'ajout de soja dans la viande. Les protéines de soja permettent d'après ce groupe d'étude de « limiter l'apport en graisses saturées tout en ayant un effet texturant, propriété particulièrement exploitée dans les viandes hachées et les farces. De plus, leur pouvoir liant et émulsifiant permet aux produits d'être facilement tranchables, améliore leur perception en bouche et la jutosité des produits : c'est le cas des saucisses de Strasbourg, des nuggets, des burgers ou encore des boulettes de viande ». Les fabricants y trouvent aussi un autre intérêt.

À la cantine, le soja dans la viande, ça coûte moins cher

Jean-Marc Golfier est un consultant spécialisé dans la restauration collective. Son but est d'améliorer la qualité nutritionnelle des menus. Pour ce faire, il traque depuis plusieurs années les produits contenant du soja « caché ».

Dans une cantine scolaire de Bretagne, pendant que les enfants déjeunent, le consultant scrute le menu affiché au mur. « Là, le plat qui attire mon attention, c'est la boule de boeuf ».

81. « Charcuterie et préparations à base de viandes, volailles et poisson », GEPV.

La boule de boeuf ou boulette au boeuf est un incontournable de la restauration scolaire. D'après Jean-Marc Golfier, l'ajout de protéines de soja dans ces boules, en remplacement d'une partie de la viande, est également un grand classique. Plusieurs cartons de boules au boeuf congelées trônent dans le congélateur de la cuisine de l'établissement. Quand Jean-Marc Golfier lit la liste des ingrédients présents, il n'est pas surpris : « On est sur de la viande française. 70 % de viande et 25 % de protéines de soja. La composition principale du produit reste le boeuf, mais on met quand même du soja ». Pour le consultant, la raison est évidente : « Le soja coûte beaucoup moins cher à l'achat que le boeuf. Ça permet d'être plus compétitif par rapport à des produits à 100 % viande de boeuf ». Dans nos supermarchés français en 2019, il faut compter 10 euros le kilo de viande hachée en moyenne, contre environ 6 euros pour un kilo de protéines de soja. Presque moitié moins. D'après certains spécialistes des substituts de viande à base de végétaux, « à l'heure actuelle, la majeure partie de la production (de ces analogues de viande ndlr) est à base de soja, qui reste probablement la source la moins chère de matières premières protéiques »[82]. Le soja est donc la matière première la moins chère pour remplacer la viande, et la plus utilisée. L'argument économique est systématiquement mis en avant sur les sites internet des fabricants.

82. P. Kumar, « Meat analogues : Health Promising Meat Substitutes », *Critical reviews in food science and nutrition*, 2015.

Exemples de viandes dans lesquelles le concentré protéique est ajouté pour réduire les coûts de production

CONCENTRÉ PROTÉIQUE DE SOJA

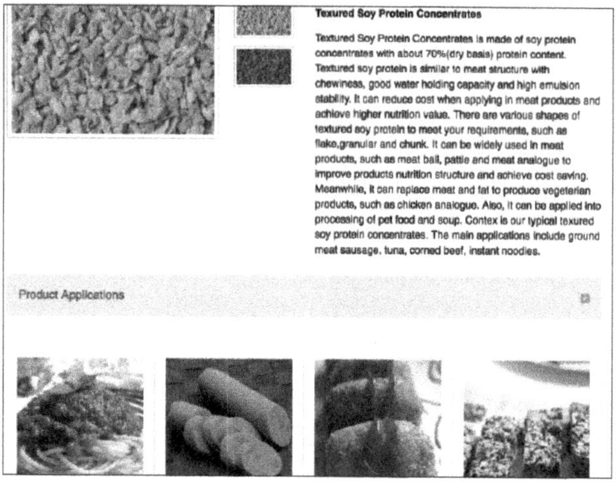

Source : http://www.solbar.com/cn/products.php?tid=15&pid=13

Le concentré protéique de soja est fabriqué à partir d'une base d'environ 70% de protéines sèches de soja. La consistance du concentré protéique de soja ressemble à celle de la viande tant dans la mâche que dans sa bonne capacité à retenir l'eau et sa grande stabilité d'émulsion. Il peut réduire les coûts de production de viande et avoir une valeur nutritive plus élevée. Pour satisfaire vos besoins, le concentré protéique de soja se décline sous plusieurs formes, telles que des flocons, des granulés et des pépites. Ses utilisations dans les produits carnés sont multiples, notamment dans les boulettes de viande, les petits pâtés et les viandes analogues afin d'améliorer la qualité nutritionnelle des produits et en réduire les coûts. Parallèlement, il peut remplacer la viande et la graisse pour produire des produits végétariens comme les substituts au poulet. Il peut également être intégré à la fabrication de produits animaliers ou à la production de soupes. Contex est notre produit phare dans les concentrés protéiques de soja. Les saucisses à la viande, le thon, le corned-beef et les nouilles instantanées comptent parmi ses principales utilisations.

PROTÉINES DE SOJA TEXTURÉES

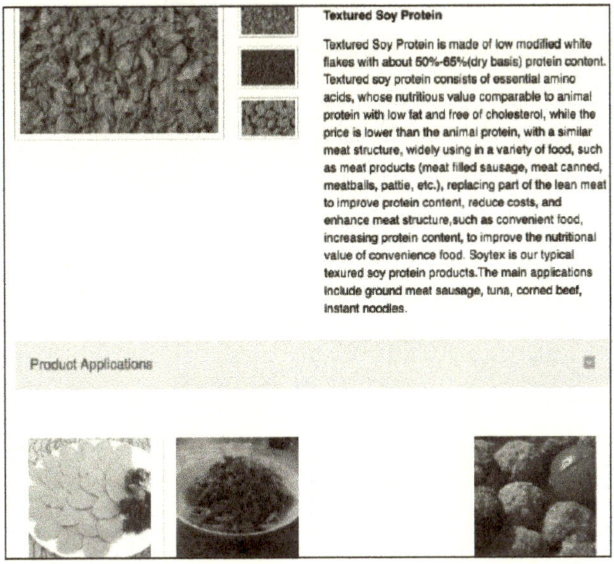

Source : http://www.solbar.com/cn/products.php?tid=2&pid=4

Les protéines de soja texturées sont fabriquées à partir de flocons blancs de protéines légèrement modifiés sur une base sèche de 50% à 65%. Les protéines de soja texturées sont constituées d'acides aminés essentiels dont les valeurs nutritionnelles sont comparables aux protéines animales, avec peu de graisse et sans cholestérol, tout en ayant un prix inférieur aux protéines animales et une consistance semblable à celle de la viande, de grand intérêt dans une vaste gamme de produits alimentaires comme les produits carnés (saucisses à la viande, viande en conserve, boulettes de viande, petits pâtés etc.) en remplacement d'une partie de la viande maigre pour améliorer la teneur en protéines, réduire les coûts et développer la texture de la viande, tout comme des plats cuisinés, en boostant la teneur en protéines pour améliorer la valeur nutritionnelle des plats cuisinés. Soytex est notre produit phare dans les protéines de soja texturées. Les saucisses à la viande, le thon, le corned-beef et les nouilles instantanées comptent parmi ses principales utilisations.

Des « économies considérables » d'après l'un des leaders de la fabrication des protéines de soja, Solbar

Contex:
70% de protéines MFB texturé concentré protéique de soja. Il absorbe les saveurs naturelles libérés par la viande pendant la cuisson, tout en conservant les propriétés structurelles pendant la cuisson ou la congélation. Il ajoute des protéines et contribue à réduire les niveaux de graisse et de cholestérol à des économies de coûts considérables. Les applications comprennent la viande, le poisson, la volaille et les produits végétariens.

Source : https://www.mcm-casing.fr/notre-gamme/prot%C3%A8ine-de-soja-solbar

« Des produits à base de viande plus tendres, plus volumineux, avec 3 fois leur poids initial » d'après Sensoy, un spécialiste américain de la promotion et de la commercialisation de produits à base de soja et dérivés qui possède la marque Sojabi.

Rôles et actions de l'Isolat de la Protéine de SOJA
Votre production de viande hachée, de saucisses, pâtés ne sera plus la même pour vous et vos clients :

- L'Isolate et le Concentré de la Protéine de Soja se marine bien avec une multitude d'aliments.
- L'Isolate et le Concentré de la Protéine de Soja contient près de 90% protéine contre 25% dans la viande mouton par exemple.
- L'Isolate et le Concentré de la Protéine de Soja n'a aucune saveur.
- L'Isolate et le Concentré de la Protéine de Soja se conserve plus d'un an dans un récipient fermé.
- L'Isolate et le Concentré de la Protéine de Soja dans un dosage très précis peut être ajoutée au muscle entier, au blanc de poulet, aux fruits de mer, saucisses pour des produits à base de viande plus tendres, plus volumineux avec 3 fois leur poids initial avec une meilleure texture.

Source : http://www.sojabi.com/?page_id=1

Le cuisinier de la cantine inspectée par Jean-Marc Golfier est, lui, très étonné. Il assure qu'il ignorait que les boules au boeuf qu'il sert aux enfants toutes les semaines contenaient du soja. Dans la petite assistance à table ce jour-là, personne n'a rien remarqué non plus. Pourtant d'après Jean-Marc Golfier, l'ajout de soja est de plus en plus fréquent dans la restauration collective. Effectivement, dans les catalogues destinés aux professionnels de l'agroalimentaire, on retrouve plusieurs types de boules de viande, notamment à l'agneau et au poulet, également composées en partie de protéines de soja, ou encore des steaks hachés classiques dans lesquels le soja remplace une partie de la viande.

Publicités à destination de la restauration collective pour des produits à base de viande, composés en partie de soja

Source : Catalogue La restauration collective Passion Froid Édition 2019-2020

L'ajout de protéines de soja à la viande n'est pas interdit. En revanche, le soja faisant partie des allergènes, il est obligatoire de mentionner sa présence dans la liste des ingrédients des produits et sur le menu affiché dans les cantines scolaires, d'entreprise, ou dans les restaurants. Dans la cantine ce jour-là, rien ne mentionnait la présence de soja. Rien non plus sur la teneur en isoflavones de ces produits. Pourtant, les phyto-estrogènes du soja sont bien présents là aussi.

Taux en isoflavones retrouvés dans les produits alimentaires contenant du soja caché

Aliments occidentaux contenant des protéines de soja

	Génistéine (mg/100 g)	**Daidzéine (mg/100 g)**	**Total (mg/100 g)**	**Taille d'une portion**	**Quantité par portion (mg)**
Hachis Parmentier (bœuf)	0,46	0,16	0,62	250g	1,55
Portion de steak haché	7,39	4,93	12,22	100 g (1 steak)	12,22
Tomates farcies	3,30	2,69	5,99	250 g (2 tomates)	14,95
Chou farci	3,30	2,55	5,85	250 g (2 choux)	14,62

Boulettes de viande	7,81	5,42	13,23	120 g (4 boulettes)	15,87
Emincé de veau (pané)	5,59	3,54	9,13	100 g (1 steak)	9,13
Brownies	6,52	4,39	10,91	100 g (3 morceaux)	10,91

Source : C. Bennetau-Pelissero, « Risks and benefits of phytoestrogens : where are we now ? », *Current Opinion in Clinical Nutrition & Metabolic Care*, 2016.

Les résultats mettent en évidence des taux d'isoflavones qui varient de 1,55 mg pour 250 g de hachis parmentier à 15,87 mg pour 4 boulettes de viande. Une portion de brownies peut, dans certaines marques qui utilisent de la farine de soja, contenir 10,91 mg d'isoflavones. Les quantités d'isoflavones présentes dans les produits dans lesquels le soja est « caché » sont parfois proches des quantités contenues dans un produit composé intégralement de soja. Les industriels pourraient-ils alors faire baisser la quantité d'isoflavones contenues dans leurs produits ? La réponse est oui, mais il semble que la tendance soit inverse.

Les processus de production modernes augmentent la teneur en isoflavones dans les produits au soja

Chaque produit au soja a une teneur en isoflavones qui lui est propre. Celle-ci peut varier en fonction de la fertilisation des sols ou du climat. Mais aussi en fonction de la variété de soja choisie et du procédé de fabrication.

Plusieurs études rapportent que la variété de soja utilisée a une influence sur la teneur en isoflavones présente dans les produits au soja. Elles s'accordent à dire que plus la quantité d'isoflavones dans la graine est importante, plus la teneur en isoflavones dans le jus de soja fabriqué à partir de cette graine sera élevée. Les tableaux ci-dessous sont issus d'une étude publiée en 2012[83]. On peut y voir une corrélation importante entre la quantité d'isoflavones présente dans les graines de soja et celle retrouvée au final dans les jus de soja fabriqués à partir de ces graines. Plus la quantité d'isoflavones est importante dans les graines et plus le jus de soja contient d'isoflavones.

Les auteurs de cette étude soulignent que les quantités d'isoflavones contenues dans les graines sont significativement plus importantes en comparaison à celles retrouvées dans les jus de soja. « Ceci s'explique car les procédés de trempage et de chauffe entraînent une perte importante d'isoflavones, tout comme la quantité d'eau ajoutée, les méthodes de broyage et de séparation et les conditions de coagulation ». La méthode de fabrication a donc une importance dans la quantité d'isoflavones retrouvée dans le produit fini.

Quantités d'isoflavones retrouvées dans les graines puis dans les jus de soja fabriqués à partir de ces graines.

	Type de graines de soja						
	Ruzica	**Buga**	**Hrvatica**	**Sabina**	**os497-97**	**os49-01**	**os36-03**
Teneur totale en isoflavones dans les graines de soja (mg/100g de graines de soja)	71,2	100	112,9	115,2	94,5	106,8	133,8
Teneur totale en isoflavones dans le jus de soja (mg/kg de jus de soja)	16,1	25,7	29,8	38,1	25,8	38,8	61

Source : E. SERTOVIC, « Effect of soybean cultivars on the content of isoflavones in milk », *Romanian biotechnological letters*, 2012.

83. E. Sertovic, « Effect of soybean cultivars on the content of isoflavones in milk », *Romanian biotechnological letters*, 2012.

La technique de fabrication industrielle du jus de soja suit généralement les grandes étapes suivantes : les graines de soja sont d'abord trempées dans l'eau pendant plusieurs heures afin que celles-ci « s'ouvrent » et prennent la forme d'un haricot. Elles sont ensuite dépelliculées, broyées puis mélangées à de l'eau et cuites. Chaque procédé peut alors avoir un impact sur la teneur en isoflavones.

Une étude publiée dans le *Journal of Food Science* en 2015 montre que la température au moment du processus de broyage par exemple joue un rôle dans la quantité d'isoflavones présente dans le jus de soja[84]. Les auteurs rapportent que pour les deux variétés de soja étudiées, plus la température était élevée et plus la quantité d'isoflavones était importante. En modifiant cette température, peut-on alors réduire la teneur en isoflavones dans les aliments que nous consommons ?

Plusieurs chercheurs pensent que oui. Certains ont également mis en évidence que d'autres étapes au cours du processus de fabrication des produits au soja peuvent réduire la teneur en isoflavones des produits. Six chercheurs de l'Institut national de la santé et de la recherche médicale (INSERM) et de l'Université de Bordeaux, dont la chercheuse Catherine Bennetau-Pelissero, ont ainsi démontré que la durée de cuisson permet elle-aussi de réduire les teneurs en isoflavones. Pour ces chercheurs, cette durée de cuisson – trop courte dans les procédés de production industriels modernes – empêche de diminuer la teneur en isoflavones des produits que nous consommons. Leur étude, intitulée « Éliminer les isoflavones des aliments à base de soja modernes : pourquoi et comment ?[85] », a été publiée dans la

---

84. Y. Zhang, « Isoflavone profile in soymilk as affected by soybean variety, grinding, and heat-processing methods », *Journal of food science,* 2015.

85. A. Fernandez-Lopez, V. Lamothe, M. Delample, M. Denayrolles, C. Bennetau-Pelissero, « Removing isoflavones from modern soyfood : Why and

revue scientifique *Food Chemistry* en 2016. Pour en arriver à ces conclusions, les chercheurs ont examiné l'impact des différentes étapes de la cuisson sur la teneur en isoflavones dans les recettes traditionnelles, et ils ont testé un procédé moderne d'ultra-filtration sur le jus de soja, afin de déterminer si cette technique peut réduire la teneur en isoflavones. Plusieurs produits au soja ont été chauffés successivement pendant 5, 15, 30 et 60 minutes, puis les taux d'isoflavones ont été mesurés. Les produits utilisés pour l'expérience sont des graines de soja décortiquées et des flocons de soja vendus en vrac, de la farine de soja de la marque Celnat, du jus de soja UHT de la marque Soy et du tempeh fait maison par Nurlaili Robert, un micro-entrepreneur, fabricant de tempeh artisanal[86]. Résultat : d'après leurs expériences, une cuisson longue des graines de soja dans l'eau, avant de les broyer, peut effectivement réduire la teneur en isoflavones. Cette étude montre également que plus les étapes de trempage et de mijotage sont longues et plus l'élimination des isoflavones est complète. Car les isoflavones sont solubles dans l'eau. « Au cours des siècles passés, les graines de soja étaient cuites dans de l'eau bouillante pour être stérilisées, et le tempeh ou le tofu étaient obtenus suite à de longues étapes de trempage. On réduisait ainsi la teneur en isoflavones sans le savoir », expliquent les chercheurs. Dans les recettes traditionnelles du tofu, du tempeh, du natto ou du miso – les préparations au soja les plus couramment consommées en Asie – ces produits mijotaient jusqu'à quatre heures. Ils précisent aussi que ces aliments étaient rincés plusieurs fois et cuits dans l'eau en plusieurs étapes. Dans les pays occidentaux, l'eau de cuisson est conservée dans le processus de production, ce qui accroît la

how? », *Food Chemistry*, 2016.

86. Un aliment traditionnel à base de soja fermenté.

présence d'isoflavones d'après eux. Ils ont en effet montré que le fait de précuire les graines de soja et d'enlever l'eau avant de broyer les graines réduit encore de façon considérable la teneur en isoflavones dans le jus de soja.

C'est d'ailleurs l'argument principal de ceux qui prêtent au soja toutes les qualités et bienfaits, et nient les possibles effets indésirables des isoflavones : les Asiatiques en consomment depuis des siècles, et ils vont bien. C'est aussi ce que j'ai longtemps pensé. Mais comme le montre cette étude, les Asiatiques ne consommaient traditionnellement pas les mêmes produits, parce qu'ils n'étaient pas cuits de la même façon.

Pour la lanceuse d'alerte Catherine Bennetau-Pelissero, c'est une évidence : aujourd'hui, les industriels pourraient utiliser cette technique du préchauffage dans l'eau pour réduire la teneur en isoflavones dans leurs produits.

Qu'en pensent les industriels ?

J'ai contacté les principaux fabricants français de produits à base de soja, pour savoir s'ils avaient connaissance de l'étude menée par ces chercheurs et s'ils avaient pour projet de réduire les taux d'isoflavones dans le soja. Si oui, à quelle échéance. J'ai reçu deux réponses.

La première vient de la marque Bjorg. En 2006, l'association de consommateurs *UFC Que Choisir* a réalisé une enquête qui pointait la haute dose d'isoflavones contenue dans les steaks de soja, et notamment dans le steak au soja Bjorg, qui était celui qui en contenait le plus. Chaque steak testé contenait respectivement 56,6 mg, 45mg et 57,6 mg d'isoflavones pour 100 grammes de produit (steaks des marques Gerblé, Soy et donc Bjorg). Des doses équivalentes là encore – ou même supérieures

– au complément alimentaire qui contenait la plus haute dose d'isoflavones dans cette enquête[87]. La chargée de communication de la marque répond ne pas avoir connaissance de l'étude qui montre comment réduire la quantité d'isoflavones et indique que leur « process de fabrication intègre déjà des étapes de chauffe et trempage qui limitent les teneurs en isoflavones », sans plus de détails. Dans une analyse de l'*UFC Que Choisir* sur les steaks végétaux, publiée cette fois en juin 2018, soit huit mois après la réponse qui m'a été faite, la teneur en isoflavones du « délicieux palets soja petits légumes bio » de Bjorg était encore parmi la plus élevée du panel[88]. J'ai recontacté la marque pour savoir si les étapes du process de fabrication « qui limitent les teneurs en isoflavones » étaient alors déjà en place et sinon comment elle expliquait ces résultats. Je n'ai pas obtenu de réponse malgré plusieurs relances.

La seconde réponse vient de Sojaxa, l'association pour la promotion des aliments au soja qui compte comme membres Alpro, Provamel, LSDH, Sojasun, Soy et St Hubert. Pendant toute la durée de mon enquête, elle s'est constituée porte-parole de ces marques. L'association confirme que « les membres de la Sojaxa connaissent cette étude et les procédés de fabrication décrits ». Mais les industriels critiquent la méthode employée : « Dans l'étude citée, la méthode utilisée est particulière, il s'agit d'une méthode faisant appel à l'immunodétection, tandis que la plupart des analyses d'isoflavones sont habituellement réalisées avec les méthodes différentes, faisant appel à la séparation par chromatographie (dite HPLC). Bien qu'il n'y ait pas de méthode d'analyse officielle, les méthodes d'analyse par chromatographie

87. F. Maleysson, G. Landry, « Du soja et des dégâts », *UFC Que Choisir* 441, octobre 2006.
88. M. N Delaby, C. Lelasseux, « Galettes et steaks végétariens », *UFC Que Choisir* 570, juin 2018.

semblent les plus pertinentes ». Il n'existe effectivement pas de méthode d'analyse officielle pour mesurer la présence d'isoflavones. Mais la chercheuse Catherine Bennetau, qui réalise des analyses en isoflavones sur les produits au soja depuis les années 80, défend sa technique d'analyse en précisant que la technique Elisa est utilisée par tous les laboratoires et que les taux retrouvés sont du même ordre que ceux mentionnés dans la littérature scientifique. « Nos dosages ont été validés par des scientifiques indépendants dans un ring test international. Il n'y a rien qui s'oppose à ce que cette validation soit refaite si besoin », précise la chercheuse, étude à l'appui[89]. Pour ses enquêtes sur les quantités d'isoflavones contenues dans les produits au soja, l'*UFC Que Choisir* utilise la même technique d'analyse. La méthode HPLC mentionnée par les fabricants est plus coûteuse.

Mais enfin, pourquoi les fabricants ne mentionnent pas la teneur en isoflavones sur les emballages des produits au soja ? Sojaxa, l'association des principaux producteurs de produits à base de soja en France, répond que la loi ne les y autoriserait pas. « La réglementation européenne prévoit l'étiquetage d'un nombre limité de nutriments (protéines, glucides...) dans son règlement 1169/2011 dit INCO (information du consommateur), or les isoflavones ne font pas partie de cette liste. Donc même si les membres de la Sojaxa le souhaitaient, ils ne seraient pas autorisés à étiqueter les teneurs en isoflavones sur leurs produits. Par ailleurs, il n'existe actuellement aucune méthode de référence pour l'analyse des isoflavones, donc il y aurait 2 étapes à franchir avant de pouvoir étiqueter les teneurs sur les emballages :

89. C. BENNETAU-PELISSERO, « ELISA as a new method to measure genistein and daidzein in food and human fluids », *Food Chemistry*, 2003.

· que cela soit possible sur le plan réglementaire
· et qu'une méthode d'analyse de référence soit officialisée. »

Cette réponse étonnante, ici reproduite dans son intégralité, m'a conduite à contacter la Commission européenne, chargée des mentions autorisées sur les emballages, afin de vérifier ces informations. Celle-ci répond que malgré tous les éléments mis en avant par l'association Sojaxa, il est tout à fait possible d'indiquer la teneur en isoflavones. Et elle ajoute que c'est bien au producteur de prendre la décision d'imprimer – ou non – le taux d'isoflavones, étant donné qu'elles ne sont pas un ingrédient en soi mais des substances dans un ingrédient. « C'est comme si on écrivait la concentration en sucre dans le miel ou dans le sucre de canne », explique la Commission, qui ajoute également que « la législation européenne sur l'étiquetage dit que l'information doit aider le consommateur à faire un choix informé et ne doit pas tromper le consommateur ».

D'après la Commission européenne, ni le règlement INCO 1169/2011, ni le fait qu'il n'y ait pas de méthode de mesure officielle, n'empêchent les producteurs d'indiquer ce taux d'isoflavones sur les étiquettes. Les fabricants sont donc bien autorisés, voire encouragés par la Commission européenne, à indiquer les taux d'isoflavones sur les produits au soja. À bon entendeur !

Quant à la diminution des taux en isoflavones, l'association indique que les marques qu'elle représente (Alpro, LSDH, Sojasun, Soy, St Hubert) n'en ont pas le projet. « Les teneurs en isoflavones des produits au soja sont parfaitement conformes aux recommandations de l'ANSES (1 mg d'isoflavones par kg et par jour correspondant à 60 mg d'isoflavones par jour pour une femme de 60kg) et le dernier rapport de l'EFSA (qui conclut en 2015 que la consommation de 150mg d'isoflavones par jour pendant 3 ans n'a pas d'effet défavorable vis-à-vis du risque de survenue du cancer du sein) et ceci… dans le cadre d'une alimentation équilibrée intégrant une consommation régulière d'aliments au soja, sans exclure les autres catégories d'aliments ». Cette réponse nécessite également deux précisions. D'une part, les recommandations de l'ANSES (ex-AFSSA) ne valent pas pour la teneur en isoflavones des produits au soja mais pour la consommation quotidienne que nous en faisons. La limite maximale recommandée de 1mg par kilo et par jour signifie alors qu'une femme de 60 kg ne pourrait pas manger plus d'un steak de soja et un yaourt au soja par jour environ[90]. Pour un enfant de 35 kilos, un steak au soja contient trop d'isoflavones. Et comme nous le verrons plus en détail plus tard, les autorités françaises songent à réduire cette limite. D'autre part, dans le rapport de l'EFSA invoqué, les experts n'ont pas rendu de conclusion pour les femmes atteintes d'un cancer du sein ou aux antécédents de cancer du sein, qui, pour plusieurs agences sanitaires, font partie des populations les plus à risque. C'est également ce que nous verrons dans la partie suivante.

Enfin, l'association Sojaxa indique que parmi le très grand nombre d'études scientifiques réalisées sur les aliments au soja, de nombreuses suggèrent un effet favorable des isoflavones sur la santé, notamment sur le système cardio-vasculaire. Mais les effets positifs des isoflavones de soja sur certaines personnes ne doivent pas oblitérer les effets néfastes sur d'autres. La population de consommateurs devrait donc être ciblée et le taux en isoflavones devrait êre clairement indiqué sur les emballages des produits. Car aujourd'hui, si vous souhaitez connaître les taux en isoflavones présents dans les produits que vous ingérez, il vous faut soit faire des analyses (qui coûtent entre

90. Selon les estimations des valeurs moyennes de ces produits. Les teneurs en isoflavones pouvant varier considérablement.

150 et 200 euros par produit), soit questionner directement les marques. L'association Sojaxa indique que ses membres « répondent à cette question lorsqu'ils sont sollicités par des consommateurs ». Et précisent que « dans ce cas, il s'agit des teneurs moyennes obtenues par les analyses réalisées par des laboratoires extérieurs ».

Les experts français tirent la sonette d'alarme

Le rapport publié en 2005 par l'agence française de sécurité sanitaire des aliments (AFSSA) sur les effets des phyto-estrogènes sur la santé, qui comporte plus de 400 pages[91], a tiré la sonnette d'alarme. « C'était la première fois en France que l'on faisait un rapport sur les phyto-estrogènes », précise Mariette Gerber, la présidente du groupe de travail, aujourd'hui retraitée, à l'époque chercheuse à l'INSERM, au centre de recherche en cancérologie de Montpellier (CRLC), et experte en « nutrition humaine » auprès de l'AFSSA. « En France, pour le soja, il y a clairement eu un avant et un après rapport », se souvient Marina Touillaud, chercheuse à l'institut national de la santé et de la recherche médicale (INSERM) de Villejuif, spécialiste des phyto-estrogènes et du cancer du sein, et également membre du groupe d'experts ayant participé au rapport français sur la question. « Le rapport n'a pas dit de tout jeter. Mais il a mis en garde contre les risques potentiels qui n'étaient pas connus des Français », précise la chercheuse. Le groupe de travail était constitué de 23 experts en nutrition.

91. AFSSA (Agence française de sécurité sanitaire des aliments), « Sécurité et bénéfices des phyto-estrogènes apportés par l'alimentation – recommandations », mars 2005.

Dont Catherine Bennetau-Pelissero, la chercheuse qui a alerté l'agence française de sécurité sanitaire sur la question dix ans auparavant. Deux scientifiques, un médecin phytothérapeute, huit syndicats et industriels de l'industrie agro-alimentaire ont également été auditionnés. Dans la note méthodologique, il est précisé que ce rapport n'a pas été réalisé sur la base d'un dossier fourni par des industriels, mais sur plus de 1500 études scientifiques de qualité jugée suffisante. C'est la direction de la concurrence et de la répression des fraudes, la DGCCRF, qui a saisi l'agence française de sécurité sanitaire des aliments (AFSSA) pour statuer sur la question des phyto-estrogènes. La DGCCRF souhaitait notamment évaluer les risques liés à la consommation répétée et à long terme des compléments alimentaires à base d'isoflavones de soja indiqués en cas de ménopause. Le rapport avait également pour but d'évaluer les risques de la consommation de produits au soja pour le nourrisson et le jeune enfant qui étaient également de plus en plus utilisés. Au final, les experts ont planché sur les effets des phyto-estrogènes sur les troubles liés à la ménopause, sur l'ostéoporose, les fonctions cognitives, les cancers, la thyroïde, et sur les maladies cardiovasculaires. Et pas uniquement chez les femmes ménopausées. Ils ont présenté des recommandations pour l'ensemble de la population. Les experts ont choisi d'appliquer la méthode d'usage dans le domaine du médicament, et se sont ainsi concentrés sur les études animales publiées sur la question, ainsi que sur des tests in vitro, c'est-à-dire menés en laboratoire[92]. Si le groupe de travail conclut que les aliments à base de soja « peuvent être adoptés sans excès par les adultes dans le cadre d'une alimentation équilibrée », il fait

92. À la différence des tests in vivo, menés eux sur des organismes vivants.

également état de nombreux risques. Déjà cités rapidement plus haut, ils sont détaillés ci-dessous.

Le rapport met d'abord en garde les femmes enceintes. Les isoflavones de soja consommées par ces dernières pouvant augmenter les risques de cancer pour le fœtus. D'après les experts du groupe de travail, la consommation de phyto-estrogènes pendant la grossesse peut en effet augmenter le risque de cancers du testicule et du sein dans la progéniture. « Les études animales montrent que les phases précoces du développement sexuel (pendant la gestation et la lactation) sont particulièrement sensibles à l'exposition aux phyto-estrogènes. Des anomalies morphologiques pouvant entraîner une diminution de la fertilité mais aussi une plus grande sensibilité aux carcinogènes sont observées. Une précaution importante apparaît donc d'éviter chez la femme enceinte et allaitante une consommation élevée d'isoflavones, notamment sous la forme de compléments alimentaires », peut-on lire dans le rapport. « De même, la consommation de produits à base de soja chez le nourrisson (préparations à base de protéines de soja, puis lait de suite) et l'enfant en bas âge (tonyu – jus de soja –, yaourt au soja) est, d'après le rapport, à éviter »[93]. Les experts recommandent ainsi la vigilance et déconseillent la consommation de soja aux enfants de moins de 3 ans. Ils mettent également en garde les sujets qui présenteraient des troubles de la fonction thyroïdienne, les isoflavones pouvant agir en interaction avec celle-ci. « L'interaction des phyto-estrogènes avec la synthèse des hormones thyroïdiennes commande l'exclusion de leur consommation sous quelque forme que ce soit par les sujets hypothyroïdiens traités ou non traités », prévient le groupe de travail. D'après le rapport de l'agence française, la consommation de

93. AFSSA, 2005, p.125.

soja et de compléments alimentaires à base d'isoflavones devrait être limitée pour les femmes ayant ou ayant eu un cancer du sein, et celles qui ont des antécédents familiaux de cancer du sein. Car là encore, les isoflavones de soja peuvent accélérer le développement des cellules cancéreuses hormono-dépendantes. « Les études animales montrent que les isoflavones peuvent favoriser la prolifération et la croissance de tumeurs mammaires hormonodépendantes, suggérant un risque potentiel pour les personnes ayant des antécédents personnels ou familiaux de cancers du sein hormono-dépendants », indiquent les experts. Pour toutes ces populations à risque, les autorités sanitaires françaises recommandent la précaution car la consommation de phyto-estrogènes peut être à l'origine d'effets indésirables, notamment de cancers. Dans son rapport de 2005, l'agence française de sécurité sanitaire émet des conclusions sur les effets des isoflavones de soja sur plusieurs cancers et maladies.

RÉSUMÉ DES CONCLUSIONS DU RAPPORT DE L'AFSSA DE 2005 SUR LES BÉNÉFICES ET LES RISQUES LIÉS À LA CONSOMMATION DE PHYTO-ESTROGÈNES [94] :

CANCER DU SEIN

Pour l'AFSSA, dans certains cas, notamment chez les femmes asiatiques non porteuses de cancers hormono-dépendants, la consommation de produits dérivés du soja et d'isoflavones peut réduire le risque de cancer du sein.

Le rapport indique aussi que les isoflavones peuvent favoriser la prolifération et la croissance de tumeurs mammaires hormonodépendantes et met en garde les personnes ayant des antécédents personnels ou familiaux de cancers du sein hormonodépendants.

94. AFSSA, 2005.

Les experts alertent également sur l'exposition in utero et / ou néonatale aux isoflavones, ceux-ci augmentant la sensibilité de la progéniture aux cancérigènes mammaires.

CANCER DES TESTICULES

Aucune étude épidémiologique ne permet de prouver l'effet des phyto-estrogènes sur le cancer du testicule mais les données expérimentales montrent que les isoflavones peuvent exercer leur effet estrogénique in utero résultant en des anomalies génitales, facteur de risque de ce cancer.

CAS DU CANCER DE L'ENDOMÈTRE

Les études sont moins nombreuses mais concordent à montrer une réduction du risque pour le cancer de l'endomètre.

CAS DU CANCER DE LA PROSTATE

Les études animales convergent globalement vers une réduction du risque, bien qu'il existe peu d'études épidémiologiques analytiques concluantes.

AUTRES CANCERS

Les données, tant épidémiologiques qu'expérimentales, sont insuffisantes pour conclure.

LE SOJA ET LA THYROÏDE

Les isoflavones peuvent agir en interaction avec la synthèse des hormones thyroïdiennes.

Les experts recommandent aux personnes atteintes d'hypothyroïdie de ne pas consommer d'isoflavones de soja, sous quelque forme que ce soit, que ces personnes soient, ou non, traitées.

Il est également noté que des interactions avec les traitements anti-thyroïdiens ont été observées.

L'agence française confirme que les conclusions de ce rapport font toujours foi en 2019.

Paule Latino Martel est chercheuse et directrice de recherche spécialisée en nutrition et cancer à l'INRA, l'Institut national pour la recherche agronomique. Depuis 2000, elle est coordinatrice du réseau National Alimentation Cancer Recherche (réseau *NACRe*), un réseau de laboratoires de recherche public français spécialisé dans les liens entre nutrition et cancer. Suite à ma sollicitation, la chercheuse a réalisé une revue de la littérature récente sur la question des isoflavones et des cancers. Elle aussi se veut prudente quant à notre consommation de soja. « Dans notre domaine alimentation et cancer, on se base sur les rapports d'expertise collective, notamment réalisés par des groupes d'experts internationaux. Après avoir fait une revue de la littérature récente, on ne peut pas interdire totalement la consommation de soja, mais on ne peut pas non plus l'inciter. A priori de temps en temps on peut en consommer, mais les compléments alimentaires qui sont très riches en isoflavones de soja sont peut-être à éviter pour les personnes ayant des antécédents de cancers du sein, par précaution. Pour le cancer du sein justement, je ne conclurais pas non plus à un effet protecteur car aucun rapport récent n'a conclu que le soja est bon et protecteur pour le cancer du sein. Parce que le problème, c'est que dès qu'on dit qu'un produit est bon, il y a des gens qui se jettent dessus parce qu'ils pensent que ça leur fait du bien et qui en consomment beaucoup trop ». Pour le médecin nutritionniste Laurent Chevallier, la consommation de soja doit être maîtrisée, car « les conséquences de sa consommation ne sont pas « monotones ». C'est-à-dire qu'à partir de certains taux, il peut être délétère et favoriser l'apparition des cancers du sein en fonction du degré d'exposition mais pas nécessairement de concentration. Tout cela n'est pas très bien maîtrisé », regrette le docteur.

Ailleurs dans le monde, plusieurs agences sanitaires font aussi état de risques liés à la consommation d'isoflavones de soja

Aux États-Unis et au Canada

En 2008, le Programme national de toxicologie américain (National Toxicology Program, NTP), piloté par le Département de la Santé américain, a mis en évidence des effets reprotoxiques[95] et développementaux chez le rat à une dose inférieure au 1 mg/kg/jour recommandé pour l'homme par l'AFSSA en 2005. L'étude a été faite sur la génistéine seule. Elle montre que chez les rates, la dose étudiée entraîne une altération des cycles et une réduction du poids de naissance chez les nouveau-nés. Chez les mâles, elle cause une augmentation de l'hyperplasme des glandes mammaires ainsi qu'une calcification des tubules rénaux, un élément du néphron, l'unité anatomique du rein où a lieu la filtration du sang. Dans ces travaux[96], la dose minimale avec effet nocif observé (DMENO) est de 35 mg par kilo de poids corporel par jour chez les rats mâles et de 44mg par kilo de poids corporel chez les femelles. Ces DMENO ont été observées chez le rat. Pour les transposer à l'homme, la règle

95. Les effets reprotoxiques correspondent à des atteintes portées au développement de l'enfant au cours de la gestation et après la naissance, ainsi que des atteintes de la fertilité.
96. NTP technical report on the multigenerational reproductive toxicology study of genistein in sprague-dawley rats. National institute of health public health service. US department of health and human services, 2008.

d'usage est de retenir un facteur de sécurité allant de 100 à 300. Avec un facteur de sécurité de 100, on passe à une dose limite de sécurité de 0,35 mg/kg de poids corporel et par jour pour l'homme et 0,44 mg/kg de poids corporel et par jour chez la femme. Avec un facteur de sécurité de 300, on passe à 0,12 mg/kg pc/jour chez l'homme et 0,15 mg/kg pc/jour chez la femme. Des effets ont donc été observés à des doses bien inférieures à la limite recommandée pour l'homme en 2005 par l'AFSSA.

À la différence de la France et d'autres pays, aucune agence américaine n'a réalisé de rapport traitant spécifiquement des phyto-estrogènes, mais le Centre de contrôle et de prévention des maladies américain (CDH) émet une précaution concernant les nourrissons. Pour le CDH, les Américains peuvent donner du lait infantile à base de soja à leur bébé, mais seulement à partir d'un an. Le CDH conseille aux parents d'en discuter avec leur médecin, et de prendre un lait infantile enrichi en vitamine C et surtout sans arôme car ces derniers sont généralement plus sucrés.

Le ministère de la Santé canadien, qui reconnaît par ailleurs les effets bénéfiques des isoflavones pour les femmes ménopausées, oblige également les fabricants à indiquer pas moins de dix mises en garde sur les boîtes de compléments alimentaires contenant des isoflavones, sous peine de sanction. Les produits fournissant des doses supérieures ou égales à 30 mg d'équivalent aglycones isoflavones par jour, doivent indiquer les messages suivants[97] :

97. Les isoflavones aglycones, à la différence des isoflavones glycosylées, sont celles qui franchissent la barrière intestinale. Prendre en compte les isoflavones aglycones permet de mieux mesurer l'exposition de l'homme.

– Ne pas utiliser si vous souffrez ou avez déjà souffert de cancer du sein, si vous avez des prédispositions au cancer du sein, telles qu'indiquées par une mammographie et / ou une biopsie anormale, ou si vous avez des antécédents familiaux de cancer du sein.

– Avant d'en faire l'usage, assurez-vous que votre dossier médical est à jour quant aux mammographies et aux échographies/biopsies endométriales.

– Consulter un praticien de soins de santé avant d'en faire l'usage si vous avez des antécédents de maladies hormonales ou gynécologiques, y compris le cancer de l'ovaire, l'endométriose, et/ou les fibromes utérins.

– Cesser l'utilisation et consulter un praticien de soins de santé si vous ressentez des douleurs, une gêne ou un endolorissement mammaires, si vous avez une récurrence des menstruations, ou si vous avez de petits saignements utérins (spotting).

– Consulter un praticien de soins de santé avant d'en faire l'usage si vous suivez une hormonothérapie thyroïdienne substitutive.

– Consulter un praticien de soins de santé avant d'en faire l'usage si vous suivez un traitement hormonal substitutif (THS).

– Consulter un praticien de soins de santé avant d'en faire l'usage si vous prenez des anticoagulants.

– Consulter un praticien de soins de santé avant d'en faire l'usage si vous souffrez de maladies du foie ou si vous développez des symptômes liés à des troubles du foie (par exemple, de la douleur abdominale, la jaunisse, de l'urine foncée).

– Prendre quelques heures précédant ou suivant la prise de médicaments ou de produits de santé.

– Consulter un praticien de soins de santé si l'usage se prolonge au-delà d'un an.[98]

En Europe

En Allemagne, comme en France, les ventes de produits à base de soja et notamment de compléments alimentaires ont explosé au début des années 2000. « Sans que la sécurité de ces produits, qui répondent pour la plupart à des besoins médicaux spécifiques, notamment pour lutter contre les symptômes liés à la ménopause chez les femmes, ne soit suffisamment étudiée », me précise en 2019 le porte-parole de l'agence de sécurité sanitaire allemande, le Bundesinstitut für Risikobewertung (BFR), Harmut Wewetzer. Le BFR planche alors à son tour sur un rapport ciblant les compléments alimentaires à base d'isoflavones. En 2007, les experts allemands concluent qu'il n'est pas possible d'exclure que ces isoflavones administrées à haute dose puissent entrainer le développement du cancer du sein, ou agir sur le fonctionnement de la glande thyroïdienne. L'expertise

98. Santé Canada, « Rapport technique pour résumer la justification scientifique des nouvelles directives de la Direction des produits de santé naturels sur la réglementation des produits à base d'isoflavones de soja », août 2009.

rendue par l'agence allemande n'est pas très rassurante, bien au contraire. « Pour l'instant, le BFR ne recommande pas la prise de compléments alimentaires sur le long terme étant donné que leurs effets positifs ne sont pas prouvés et que des conséquences sérieuses sur la santé des femmes ménopausées ne peuvent pas être exclues », précise le rapport allemand. Son titre est clair : « Les isoflavones isolées ne sont pas sans risque »[99].

En 2007, l'agence demande à l'Autorité européenne de sécurité sanitaire des aliments (EFSA) de se pencher sur la question. L'agence européenne, qui rend son rapport en 2015, affirme que la consommation de compléments à base d'isoflavones est sans risque pour des taux allant jusqu'à 150 mg/j, une dose quotidienne de compléments alimentaires variant entre 25 et 150 mg d'isoflavones. L'agence européenne recommande également de ne pas les utiliser pendant plus de deux ans et demi car leurs effets ne sont pas connus sur le plus long terme[100]. La durée des symptômes liés à la ménopause est très variable. Les bouffées de chaleur par exemple peuvent durer un an chez certaines femmes, dix ans chez d'autres. Suite à cet avis de l'EFSA, le BFR allemand a actualisé son rapport de 2007 en publiant « une simple explication de l'avis scientifique de l'EFSA » comme l'indique aujourd'hui Harmut Wewetzer. Mais l'agence allemande continue de recommander aux femmes qui ont ou qui ont eu un cancer du sein ou de l'utérus de ne pas utiliser de compléments alimentaires à base d'isoflavones car ces cancers sont hormono-dépendants.

L'EFSA a également conclu en 2015 à un risque lié au caractère perturbateur endocrinien du soja : l'interaction

99. « Isolated isoflavones are not without risk », Updated BfR Expert Opinion No. 039/2007, 3 April 2007.
100. EFSA, 2015.

entre les isoflavones contenues dans la nourriture ou dans les compléments alimentaires et les médicaments contenant de la levothyroxine qui sont utilisés pour le traitement de l'hypothyroïdie. Elles peuvent en effet empêcher l'absorption de la levothyroxine et de ce fait l'efficacité du traitement contre l'hypothyroïdie. Globalement, et concernant le lien entre isoflavones et thyroïde, l'agence conclut qu'il y a encore des incertitudes concernant la prise d'isoflavones et qu'il est nécessaire d'obtenir plus de données sur la question.

L'AVIS DE L'EFSA EST INSUFFISANT POUR DES SCIENTIFIQUES

Cet avis de l'agence européenne fut une surprise pour plusieurs scientifiques. Jean-Pierre Cravedi, directeur de recherches à l'institut national pour la recherche agronomique (INRA), à Toulouse, est un spécialiste des perturbateurs endocriniens. C'est notamment lui qui avait participé à alerter sur les dangers du bisphénol A[101] avant que la France ne l'interdise dans les biberons en juin 2010. La justice européenne a reconnu le 20 septembre 2019 que le bisphénol A est bien un perturbateur endocrinien. Pourtant, en septembre 2010, soit trois mois après l'interdiction du bisphénol A dans les biberons en France, l'EFSA avait jugé qu'« aux niveaux actuels d'exposition, le bisphénol A ne présente pas de risque pour la santé des consommateurs, y compris les femmes enceintes, les nourrissons et les adolescents ». En citant cette anecdote, Jean-Pierre Cravedi m'informe qu'il est plutôt sceptique sur les avis rendus par l'agence européenne. D'après lui, cette publication de l'opinion scientifique de l'EFSA sur les compléments alimentaires à base d'isoflavones et les femmes

101. Composé chimique utilisé pour la fabrication de plastiques rigides de type polycarbonates et de résines époxy.

ménopausées est pour le moins insuffisante : « Les quantités de soja auxquelles nous sommes exposées sont plus importantes que les quantités de bisphénol A. Je pense donc que dans le cas des compléments alimentaires à base d'isoflavones, l'EFSA a insuffisamment pris en compte les risques ». Le fait que l'EFSA conclut qu'il n'y a pas de preuve d'effets indésirables de ces compléments alimentaires à base d'isoflavones peut être expliqué en partie parce que l'agence européenne n'a pas considéré les cas des femmes ayant eu ou ayant des antécédents familiaux de cancer hormono-dépendant. L'agence européenne a en effet indiqué ne pas avoir assez d'études pour conclure sur cette population particulière. « Les valeurs proposées ne sont applicables qu'aux femmes ménopausées qui ne présentent pas un cancer du sein ou de l'utérus hormono-dépendant et qui n'en ont pas d'antécédents », est-il précisé dans le rapport.

Catherine Bennetau-Pelissero, la chercheuse spécialiste des phytoestrogènes, a participé à l'écriture de ce rapport de l'EFSA. Mais elle ne partage pas non plus les conclusions de l'agence européenne. Pour elle aussi, le fait que les experts n'aient pas pris en compte les femmes atteintes de cancers du sein est problématique. En plus du rapport des autorités sanitaires françaises de 2005 qui, s'appuyant surtout sur des études animales, avait déjà soulevé ce risque, elle reproche notamment à l'EFSA de ne pas avoir pris en compte une étude réalisée en 2014 sur des femmes dont le cancer du sein a été diagnostiqué[102]. Dans cette étude, des protéines de soja ont été données, ou non (effet placebo), à ces femmes, sur des périodes allant de 7 à 30 jours, depuis le diagnostic du cancer

102. M. SHIKE, « The effects of soy supplementation on gene expression in breast cancer : a randomized placebo-controlled study », *Journal of the national cancer institute*, 2014.

jusqu'à l'opération chirurgicale pour le soigner. Et les résultats montrent que l'ingestion d'aliments à base soja, et non de compléments alimentaires, active les gènes qui sont impliqués dans la prolifération des tumeurs. Pour Catherine Bennetau-Pelissero, il est d'autant plus important de prendre ces résultats en compte que les études menées sur des personnes déjà malades sont rares. Et ce n'est pas le seul reproche que Catherine Bennetau-Pelissero fait à l'agence européenne. « Dans nos discussions, nous nous sommes heurtés quand il s'agissait de faire des recommandations pour les femmes ayant une tumeur non encore diagnostiquée. C'est-à-dire les femmes qui mangent du soja sans savoir encore qu'elles ont un cancer hormono-dépendant. Les collègues de l'EFSA nous ont répondu qu'ils ne s'intéressaient pas aux gens malades mais aux gens sains. Ils n'ont donc pas souhaité faire de recommandations spécifiques. Pensez-vous que cette réponse soit satisfaisante du point de vue de la consommatrice qui ne sait pas si elle a ou non une tumeur en cours de développement ? On devrait au minimum mettre en garde et certainement pas dire que tout va bien ». Contactée, l'EFSA répond que « les femmes qui ont un cancer du sein n'ont pas été exclues de la revue scientifique conduite par l'EFSA, mais que les informations obtenues étaient si limitées qu'aucune conclusion n'a pu être établie pour cette population particulière. Et c'est aussi ce qu'il s'est passé pour les femmes qui avaient des problèmes de thyroïde ». En effet, les recommandations de l'EFSA ne valent pas non plus pour les femmes qui ont des problèmes de thyroïde. Concernant la non prise en compte de l'étude de SHIKE de 2014 qui montre que le soja peut aggraver les tumeurs du sein, l'EFSA répond qu'elle ne correspondait pas aux critères d'inclusion des études, en raison de la courte durée de la prise d'isoflavones, de 7 à 30 jours. Le rapport imposait la prise en compte d'études avec un minimum de 3 mois de prise d'isoflavones. L'étude prévoyait une supplémentation de soja entre le diagnostic et l'ablation de la tumeur. Fallait-il courir le risque d'une aggravation de la maladie pour entrer dans les critères retenus par l'EFSA ?

Encore trop de soja dans nos assiettes

En février 2019, le service de presse de l'ANSES m'indique que la limite de 1 mg par kilo et par jour qui pour l'instant fait foi devrait faire l'objet d'une réévaluation. À la question de savoir si cela sera à la hausse ou à la baisse, on me répond « vraisemblablement à la baisse ». Cette limite ne serait donc plus assez protectrice. Cette « nécessité de réévaluer la limite maximale d'apport proposée en 2005 », l'ANSES l'avait déjà pointé dans ses deux études sur l'alimentation française, celle de 2011 [103] et celle sur l'alimentation totale infantile de type EAT réalisée en 2016[104]. L'ANSES envisage en effet une nouvelle valeur limite depuis l'étude du Programme national de toxicologie américain (NTP) qui, piloté par le Département de la santé américain en 2008, a mis en évidence des effets sur le développement à partir de 35 mg/kg de poids corporel et par jour de génistéine ingérée chez le rat mâle. Transposée à l'homme avec un facteur de sécurité de 100, la dose limite est donc de 0,35 mg/kg/pc/jour chez l'homme d'après cette étude. Plus prudente, l'ANSES a choisi une marge de sécurité de 300 : 10 pour une transposition du rat à l'homme car les métabolismes ne sont

103. « Étude de l'alimentation totale française 2 (EAT 2), Tome 1. Contaminants inorganiques, minéraux, polluants organiques persistants, mycotoxine, phyto-estrogènes », Avis de l'ANSES. Rapport d'expertise. Édition scientifique, juin 2011, p.142.
104. « Étude de l'alimentation totale infantile », Tome 2, Partie 3, 2016.

pas les mêmes, 10 pour les variabilités inter-individuelles dans l'espèce humaine et 3 car le point de départ toxicologique est une DMENO et que l'on considère habituellement un facteur 3 entre une dose sans effet sans effet nocif observé (DSENO) et une dose minimale avec effet nocif observé (DMENO). Ainsi, la nouvelle limite qu'a envisagé l'ANSES, au-dessus de laquelle la consommation de génistéine est risquée, n'est plus que de 0,12 mg/kg et par jour de poids corporel (35/300). Soit une limite très inférieure à celle de 1mg de phyto-estrogènes recommandée pour l'homme en 2005. Elle ne fait pas l'objet d'une recommandation officielle aujourd'hui mais c'est sur cette base que l'ANSES songe à réévaluer sa limite.

En mai 2019, une nouvelle enquête sur les isoflavones présentes dans des aliments transformés à base de soja réalisée par l'association de consommateurs *UFC Que Choisir* prend elle aussi en compte l'étude du Programme national de toxicologie américain (NTP) qui a montré des effets néfastes à une dose inférieure au 1mg/kg de poids corporel et par jour recommandé par l'AFSSA en 2005. Résultat : l'association recommande d'en « limiter le plus possible sa consommation ». Au nom du principe de précaution, et dans l'attente de la définition d'une valeur toxicologique de référence (VTR). Car il n'existe pas à ce jour de valeur toxicologique de référence (VTR), c'est-à-dire d'indice toxicologique entre une dose et son effet[105], pour les isoflavones de soja.

L'*UFC Que Choisir* s'est proposé d'évaluer les taux d'isoflavones présents dans des aliments au soja vendus dans les supermarchés français en s'appuyant sur cette fameuse étude

105. Ce sont les agences sanitaires qui établissent les VTR. La limite de 1 mg/kg de poids corporel recommandée par l'agence française en 2005 n'est qu'une recommandation.

du NTP américain, et en appliquant une marge de sécurité de 100 (les journalistes ont considéré qu'il reviendrait à l'ANSES de préciser ultérieurement si le seuil maximal tolérable d'exposition devait être encore plus sévère). La valeur considérée comme limite dans leur enquête est donc de 0,35 mg/kg de poids corporel et par jour. L'*UFC Que Choisir* a croisé ce seuil d'exposition avec les poids moyens de trois populations que sont les enfants (poids de 30 kg), les adolescents (40 kg) et les adultes (60 kg) et a confronté cet apport journalier limite aux taux d'isoflavones présents dans des produits alimentaires vendus dans nos supermarchés en 2019. L'association a établi un barème de notation au regard des apports journaliers en isoflavones considérés comme acceptables par population, soit 21 mg pour la population adulte et 10,5 mg pour les enfants. Pour les populations enfants et adolescents, une pénalité supplémentaire est de plus appliquée aux produits dont l'apport en génistéine seule pour une portion atteint la DMENO / 300, soit 4,8 mg/portion pour un adolescent de 40 kg et 3,6 mg/portion pour un enfant de 30 kg. D'après leur enquête, une seule tasse de jus de soja (25 cl) Céréal Bio contient trois fois l'apport maximal pour un enfant. Une fois et demie pour un adulte. « La consommation en isoflavones peut vite grimper, même avec un seul produit par jour », conclut l'association. Et même en ne consommant que du soja « caché ». D'après leurs analyses, une portion de miniboulettes au boeuf d'Auchan fournit 68 % de l'apport maximal admissible pour un enfant. Alors que la plupart du temps le consommateur ne sait pas qu'il consomme du soja lorsqu'il achète des boulettes au bœuf.

Suite à cette enquête[106], l'*UFC Que Choisir* a également demandé à l'ANSES de réévaluer le niveau de risque pour les consommateurs et à la DGCCRF, la répression des fraudes, d'obliger les fabricants à faire figurer sur les étiquettes de leurs produits les teneurs en phyto estrogènes ainsi que des restrictions à la consommation pour les enfants et les femmes enceintes, comme l'AFSSA le recommandait déjà elle-même dans son rapport de 2005. Elle appelle aussi une nouvelle évaluation qui puisse conduire à la définition d'une valeur de référence officielle et si possible, contraignante réglementairement si l'évaluation du risque le juge nécessaire. Au moment de l'écriture de ce livre, la majorité des produits au soja présents dans nos supermarchés ne portent toujours pas de mention des taux d'isoflavones présents et des risques encourus. L'ANSES n'a pas encore officiellement réévalué le niveau de risque pour les consommateurs et déterminé une valeur toxicologique de référence.

Une lueur d'espoir tout de même côté fabricants : une start-up nommée MCÖ a mis en place fin 2018 des recettes de produits traiteur à base de soja avec des quantités d'isoflavones nettement réduites. Les produits sont pour l'instant uniquement vendus aux cantines mais des groupes de la grande distribution seraient intéressés. « J'ai compris qu'il y avait un problème avec les isoflavones donc j'ai voulu élaborer des produits sans perturbateurs endocriniens », indique l'un de ses co-fondateurs. « J'ai des enfants et je me sens de ce fait très concerné ». Le processus de production est secret pour l'instant car potentiellement brevetable. Il est plus coûteux car il faut au moins ajouter deux étapes de

106. M-N. Delaby, C. Lelasseux, « Soja : Consommation à surveiller », *UFC Que Choisir* 581, juin 2019.

production. Mais cela montre qu'il est bien possible pour les industriels de réduire les quantités d'isoflavones dans les aliments au soja.

Conclusion

En janvier 2019, le docteur Michel Roussel, auteur de l'ouvrage *Les Miracles du soja*, m'a finalement confiée : « S'il y a des problèmes, c'est finalement que c'est efficace ! ». Par cet aveu, le médecin reconnaît que la consommation de soja, bénéfique dans certains cas et pour certaines personnes, peut être problématique.

La majorité des agences sanitaires recommandent une consommation de soja sans excès, notamment car les isoflavones qu'il contient sont des perturbateurs endocriniens. Les autorités sanitaires de trois pays, la France, l'Allemagne et le Canada, déconseillent même la consommation de compléments alimentaires aux personnes atteintes de cancer hormono-dépendant. Ces trois mêmes agences, ainsi que l'agence européenne, mettent également en garde les populations en raison d'interactions entre les isoflavones et la thyroïde. L'agence française de sécurité sanitaire des aliments déconseille la consommation de soja et de lait infantile à base de soja aux enfants de moins de 3 ans et appelle à la prudence pour les femmes enceintes, le soja pouvant être cancérigène pour la progéniture. Qu'on se le dise : le soja préoccupe les autorités de santé.

D'autres substances telle que la cigarette sont préoccupantes et cette dernière encore plus d'ailleurs. Sauf que nous savons désormais tous que « fumer tue ». Le problème dans le cas des isoflavones de soja, c'est que ni les risques encourus, ni les quantités d'isoflavones présentes ne sont indiqués sur les emballages. Pourtant, le soja peut aggraver un cancer du sein, réduire l'efficacité d'un traitement pour la thyroïde ou d'un traitement anti-cancéreux, et c'est un perturbateur endocrinien aux conséquences possibles sur la fertilité.

On sait aujourd'hui diminuer la teneur en isoflavones grâce à des procédés spécifiques de cuisson. Le plus important reste à être fait par les fabricants : réduire effectivement cette teneur en isoflavones, et au minimum indiquer leur présence, leur quantité, et signaler les effets néfastes possibles sur les populations à risque. Cela est bien possible, affirme la Commission européenne.

S'il est certain que le message « Fumer tue » sur les paquets de cigarettes n'est pas vendeur, le consommateur, clairement mis en garde, fait un choix en toute connaissance de cause. Quand des avertissements informatifs similaires s'afficheront-ils sur les emballages des produits à base de soja ?

Partie 2

L'ESSOR DU SOJA OGM TRAITÉ AU GLYPHOSATE

Introduction

Dans le classement des cultures les plus importantes au monde, le soja arrive en cinquième place, derrière le blé, le riz, le maïs et les céréales comme l'avoine. Mais l'explosion de sa production a fait de cette culture l'une des plus dynamiques ces dernières décennies[1]. Entre 1990 et 2019, la production mondiale de soja est en effet passée de 108 à plus de 340 millions de tonnes[2], soit une augmentation de près de 70 % en moins de 30 ans.

Ceci n'est pas lié uniquement à notre consommation de tofu, de jus de soja et de steaks végétaux. Cette dernière ne représente qu'une partie infime de la production mondiale de cette légumineuse. L'utilisation de biocarburants, carburants d'origine végétale fabriqués notamment à base de soja, y a contribué. Mais l'accroissement exponentiel de la production de soja est surtout lié à l'accroissement de l'élevage intensif. Car les trois quarts des graines de soja produites dans le monde sont utilisés pour alimenter nos vaches laitières, nos porcs ou encore notre volaille. Et à la différence des produits au soja pour l'alimentation humaine qui proviennent pour la plupart de graines

1. Le secteur des oléagineux a connu une croissance presque deux fois plus rapide que l'agriculture mondiale dans son ensemble d'après l'Organisation des Nations unies pour l'alimentation et l'agriculture (FAO).
2. Foreign Agricultural Service / USDA Office of global analysis, août 2019.

non-OGM, les tourteaux de soja destinés à nos animaux sont en grande partie cultivés à partir de graines génétiquement modifiées provenant des États-Unis, du Brésil et d'Argentine.

La France a importé près de 3,5 millions de tonnes de tourteaux de soja sur l'année 2015-2016. Plus de la moitié provenait du Brésil.

Importations de tourteaux de soja de la France (en tonnes, sur l'année 2015 - 2016)

Union européenne (UE)		Pays tiers hors Union européenne (PT)	
	année 2015/2016		année 2015/2016
Belgique (et Luxembourg -> 1998)	446 854,40	Argentine	433 022,60
Bulgarie	28309,10	Barbade	-
Danemark	148,20	**Brésil**	**1 983 635,30**
Allemagne (incl. DD en 1991)	70 931,80	Chine	8 900,20
Italie	18 119,30	Inde	5 287,50
Luxembourg	425,90	Mali	0,50
Pays-Bas	203 445	Île Maurice	40,60
Pologne	25 283,20	Russie	26 796
Roumanie	11 000	Suriname	-
Espagne	164 420,10	Ukraine	-
Suède	0,20	Madagascar	-
Royaume-Unis	4 002,60	États-Unis	269,70
Sous-total UE	972 939,80	**Sous-total PT**	2 457 952,40
Total général (UE + PT)	**année 2015/2016**	**3 430 892,20**	

Source : France Agrimer

Ce soja OGM destiné à nourrir nos animaux est devenu le soja le plus cultivé aujourd'hui. Très souvent au détriment de nombreuses forêts et espèces, et pas seulement. La culture du soja impacte les populations locales qui luttent pour conserver leurs terres. Dans l'environnement immédiat des cultures, les populations se plaignent d'intoxications et de maladies chroniques, ce soja génétiquement modifié étant massivement aspergé de pesticides, comme du très controversé glyphosate, le principe actif du Roundup, classé « cancérogène probable » en 2015 par le Centre international de recherche sur le cancer (CIRC), ainsi que d'autres pesticides interdits d'utilisation dans l'Union européenne car jugés trop dangereux.

Le soja responsable de la déforestation en Amérique latine

L'Amérique du Sud, où la culture de soja s'est développée très rapidement depuis la fin des années 90, dispose de 50 % des surfaces de production de soja dans le monde. Au Brésil, plus de 120 millions de tonnes de graines de soja ont été récoltées en 2018 et en 2019. Ces taux de production records ont fait de ce pays le premier producteur mondial avec les États-Unis et le premier exportateur vers l'Europe. Mais pour produire autant de graines, une importante partie de la forêt amazonienne est partie en fumée. Si les causes de la déforestation sont multiples – exploitation du bois, agriculture et élevage – le soja est largement pointé du doigt. Sur les images satellites de la Nasa ci-dessous, on peut voir en blanc les surfaces grignotées progressivement sur la forêt dans la région brésilienne du Mato Grosso, ces dix dernières années. Le Mato Grosso est la première région productrice de soja au Brésil. C'est l'endroit où la déforestation sévit le plus en Amazonie.

LA DÉFORESTATION DANS LA FORÊT AMAZONIENNE DU BRÉSIL

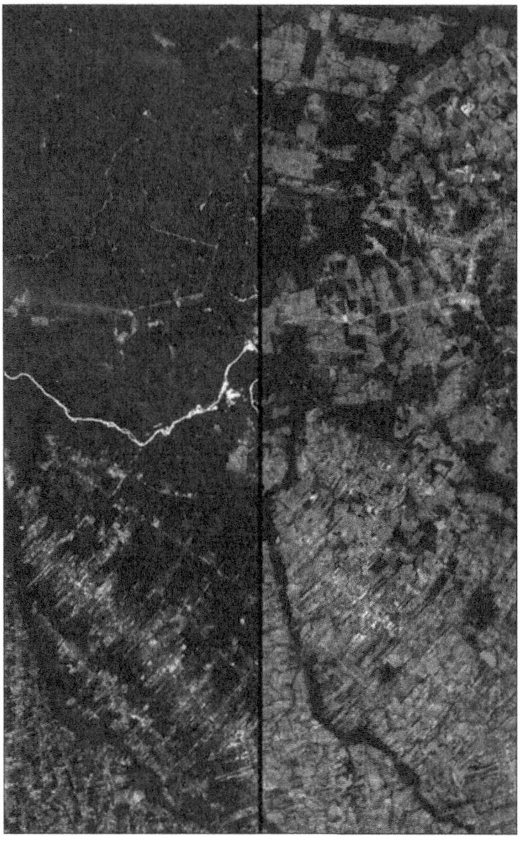

Source : NASA/GSFC/METI/ERSDAC/JAROS, and U.S./Japan ASTER Science Team

L'image de gauche, qui date de 1992, montre le début du développement agricole dans une région de l'État du Mato Grosso dans le sud-ouest du Brésil. En 2006, plus de 80 % de la forêt tropicale a été abattue, comme le montre l'image à droite.

En 2006, suite à une campagne de l'organisation internationale Greenpeace, le Brésil a adopté un premier moratoire pour protéger la forêt amazonienne. Ce dernier garantit que les principaux vendeurs de soja n'achètent plus de soja planté sur des terres d'Amazonie déboisées. Si la déforestation a été ralentie, elle n'a pas été totalement stoppée. Et le déboisement s'est aussi déplacé vers d'autres écosystèmes, comme le Cerrado, une région de savane qui représente un quart du Brésil et 5 % de la biodiversité mondiale.

Dans un rapport publié en 2016, l'organisation de défense de l'environnement World Wild Fund for Nature (WWF) dénonce : « Entre 2000 et 2010, 24 millions d'hectares de forêts, de savanes et de prairies (Amazonie, Cerrado, Chaco, Pantanal, etc.) ont été convertis en pâturages pour le bétail, puis le soja y a été cultivé. La production de soja s'est faite au détriment d'écosystèmes »[3].

Le 1er janvier 2019, un nouveau président d'extrême droite, Jair Bolsonaro, a été investi au Brésil. Depuis, la déforestation s'est encore accélérée. D'après les chiffres publiés le 6 août 2019 par l'Institut national de recherche spatiale (INPE) brésilien, qui dispose d'un système de détection de déboisement en temps réel[4], pas moins de 6833km2 de la forêt primaire brésilienne ont été déboisés depuis un an, soit les trois quarts d'un territoire comme la Corse. Rien que pour le mois de juillet 2019, le déboisement a été quatre fois supérieur au même mois de 2018. Le ministre de l'environnement brésilien Ricardo Salles réfute tout « alarmisme », assurant que si les chiffres sont exacts, ils sont « mal interprétés ». Mais ces derniers parlent d'eux-mêmes. 34 % de hausse de forêts déboisées avaient déjà été recensée en mai. Une progression de 88 % avait été observée en juin. Cette déforestation massive menace les écosystèmes, ainsi que les populations indigènes qui y vivent.

---

3. https://www.wwf.fr/champs-daction/alimentation/matieres-premieres-agricoles/soja.
4. http://terrabrasilis.dpi.inpe.br/en/home-page/

Le soja qui tue

Je me suis rendue au Sud du Mato Grosso, dans l'État du Mato Grosso do Soul. Ici, des Indiens sont régulièrement assassinés dans leur combat pour récupérer leurs terres, très souvent exploitées par des producteurs de soja, D'après un rapport du Conseil indigéniste missionnaire (CIMI), une organisation catholique de défense des Indiens, 100 assassinats d'Indiens ont été recensés en 2017, 1119 depuis 2003. Près de la moitié ont lieu dans cet État.

Une journée de discussions a été nécessaire avant que les chefs de tribu acceptent de me guider à trois heures de route environ, au milieu d'une parcelle de forêt préservée. Une dizaine d'indigènes vivent là. Parés de tenues traditionnelles, ils semblent être en pleine célébration. Leurs visages et leurs bras sont quasi intégralement maquillés et tatoués, leurs cheveux ornés de coiffes aux plumes multicolores. Ils chantent et dansent, mais l'occasion est loin d'être réjouissante. Par ce rituel, la communauté indigène des Guaranis Kaiowa est en train de pleurer l'un des leurs. Le mardi 14 juin 2016, Samia Souza a perdu son fils âgé de 26 ans, Clodione. Devant sa tombe, cette mère éclate en sanglots. « Mon fils est mort ici dans le massacre, quand les Blancs sont venus nous abattre. J'ai énormément de peine aujourd'hui ». Le 13 juin 2016, ces Indiens du Brésil s'étaient rassemblés pour tenter de reprendre la terre de leurs ancêtres, cultivée par des producteurs de soja. Elle était en cours de reconnaissance par la Fondation Nationale Indienne, l'organisme gouvernemental brésilien qui élabore et applique les politiques relatives aux peuples indigènes. Mais rapidement, le campement est encerclé par environ 70 producteurs ruraux et leurs hommes de main, armés, qui visiblement souhaitent eux aussi conserver ce morceau de terre. Les abris et les affaires des indigènes présents sont incendiés, puis les assaillants ouvrent le feu. Équipés de téléphones, certains indigènes filment la scène. « Ils sont venus sur ce champ de soja là, ils nous ont encerclés ici. Et Clodione a fini par recevoir une balle là », raconte un ami du défunt, Simon, visiblement encore très ému lui aussi. Clodione meurt sur le coup, sept autres membres de la tribu sont grièvement blessés. « Aujourd'hui on a pour preuve Clodiode, qui se trouve ici. Jusqu'à quand les Guarani-Kaiowá vont perdre leur vie ? Aujourd'hui nous vivons ici, au Brésil, où le soja est taché de sang Guarani-Kaiowa. Aujourd'hui ces grandes productions sont en train de coûter la vie aux Guarani-Kaiowa », s'exclame Simon, très en colère. Suite à cet évènement tragique, trois agriculteurs ont été emprisonnés pendant une semaine, puis relâchés.

Un rapport publié en 2017 par l'ONG internationale Global Witness révèle que le Brésil détient le triste record du nombre d'assassinats de défenseurs locaux des forêts[5]. La plupart de ces meurtres ont eu lieu dans des régions où les terres étaient les plus accaparées pour le bétail et les plantations de soja. Flavio, le membre du Conseil indigéniste missionnaire que j'ai rencontré n'hésite pas à pointer notre consommation de soja en Europe : « Quand il y a des investissements ici sur le territoire, la terre gagne en valeur, et ça augmente le conflit dans la lutte pour ces terres. La communauté européenne doit avoir conscience des impacts de ses investissements sur les populations traditionnelles. Il faut que les Européens sachent que ces produits qu'ils consomment sont le résultat de conflits sanglants ici au Mato Grosso do Soul, et qu'ils portent atteinte aux personnes de ces communautés ». En 2018, le Parlement européen a adopté une résolution qui

5. « At what cost ? », Global witness, 2018.

appelle les autorités brésiliennes à prendre immédiatement des mesures visant à protéger la sécurité des peuples autochtones et à garantir que les meurtres et agressions d'autochtones qui entendent faire valoir leurs droits humains et territoriaux fassent l'objet d'enquêtes indépendantes afin que les auteurs de crimes soient traduits en justice.

Mais le nouveau président brésilien a déclaré au contraire vouloir ouvrir ces territoires « à l'exploitation agricole, forestière et minière ». Avant d'être élu, il a même promis aux agriculteurs et aux éleveurs que « l'Indien n'aurait plus un centimètre carré de terre ». Connu pour son climato-scepticisme, il estime que les lois protégeant « le poumon de la terre » sont un obstacle au développement économique de son pays. Au Brésil, le secteur agroalimentaire est le principal moteur de la croissance économique. Il représente 40 % des exportations totales. Des exportations destinées notamment aux entreprises françaises.

Des entreprises françaises sur le banc des accusées

Le 1er septembre 2019, une tribune signée par 46 députés et 17 ONG, publiée dans le *Journal du dimanche*, appelle l'Europe et la France à agir pour qu'aucun produit issu de la déforestation n'entre sur le marché commun[6]. « Les consommateurs français sont, malgré eux, complices de la déforestation », peut-on y lire. Plusieurs associations alertent sur les impacts nocifs de ce mode de production pour la planète depuis plusieurs années[7], mais

6. « Amazonie : des députés et ONG français appellent à agir pour ne pas être "complices de la déforestation" », *Le Journal du Dimanche*, 1er septembre 2019.
7. Mighty Earth, Rainforest Foundation Norway et Fern « Quand la déforestation s'invite à notre table » (mars 2018) ; « Les derniers mystères de la viande »

depuis 2017, une série de rapports de l'organisation internationale de défense de l'environnement Mighty Earth a mis un véritable coup de pied dans la fourmilière. L'un d'entre eux a particulièrement mis en évidence la responsabilité des entreprises françaises.

La présence de soja dans la chaîne d'approvisionnement n'est pas visible immédiatement. Il est en effet principalement utilisé comme source de protéines dans l'alimentation des animaux d'élevage qui servent ensuite à produire nos burgers, notre poulet ou nos plats préparés. Pour montrer quelles entreprises françaises utilisent ce soja issu de la déforestation, l'association Mighty Earth a remonté les filières d'approvisionnement jusqu'aux champs de soja d'Amérique latine, notamment du Brésil et de l'Argentine. Des enquêteurs ont été dépêchés sur place pour réaliser des entretiens avec des cultivateurs. Ils ont ensuite comparé les réponses de ces agriculteurs avec les cartes des zones déforestées et ont fait apparaître des liens entre les zones déboisées d'Amérique latine et les multinationales qui importent du soja en France.

Quatre entreprises se partagent le gâteau du négoce de matières premières au niveau mondial : les américaines Archer Daniels Midland (ADM), Bunge et Cargill et la néerlandaise – historiquement française – Louis Dreyfus Company (LDC). Ces quatre sociétés sont surnommées les « ABCD ». Dans le Cerrado brésilien, Cargill et Bunge représentent les acteurs les plus importants. Cargill est le leader mondial du commerce du soja, mais

(février 2017), « Chocolate's Dark Secret » ; France Nature Environnement « Déforestation due au chocolat : un désastre inévitable » ; Sherpa « SOCA- PALM – Cameroun : un plan d'action pour remédier aux violations » ; Green- peace « Eating up the Amazon » (avril 2006), « Putting soya impacts on the map » (janvier 2009) et « Slaughtering the Amazon », (juin 2009).

LA CHAÎNE D'APPROVISIONNEMENT DU SOJA DEPUIS L'AMÉRIQUE LATINE JUSQU'AUX RESTAURANTS FRANÇAIS

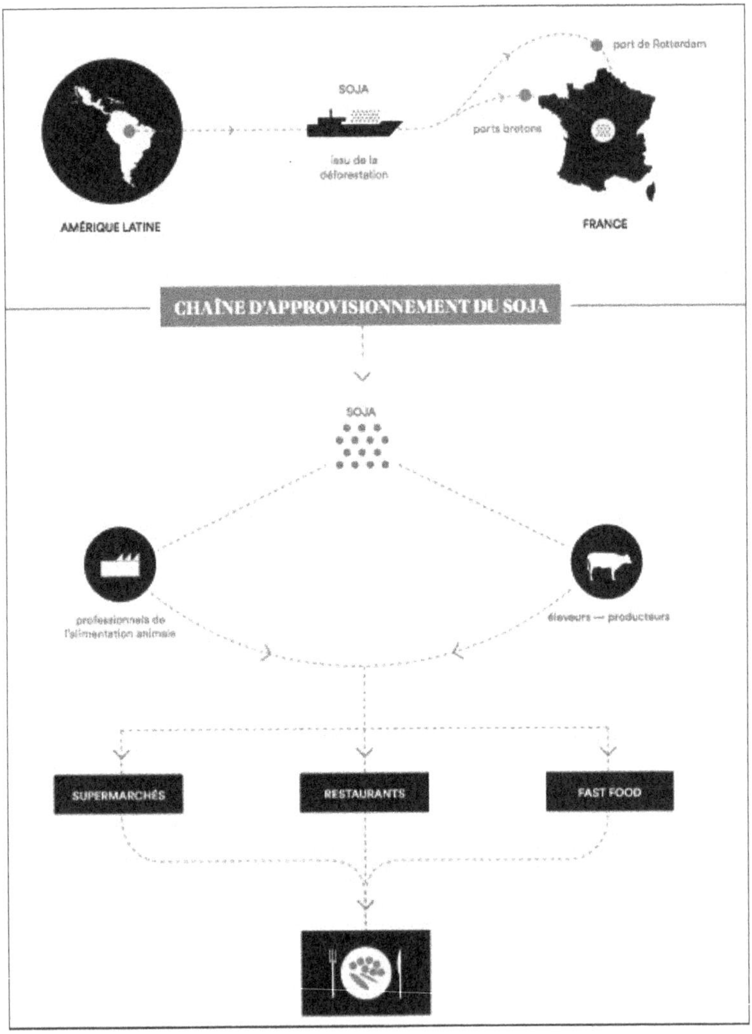

Source : « Le cas oublié du soja ». Mighty Earth, France nature environnement, Sherpa. Mars 2019

aussi de l'huile de palme, du bétail ou encore du coton. L'entreprise est côtée en bourse et en 2018, ses revenus s'élevaient à près de 115 milliards de dollars[8] (104 milliards d'euros). Le chiffre d'affaires du négociant Bunge, lui aussi coté en bourse, se chiffrent à 53 milliards de dollars en 2018 (47 milliards d'euros). Ces deux négociants de matières premières sont les plus gros importateurs de soja en France. En 2017, Cargill et Bunge ont chacun fourni plus de 500 000 tonnes de soja à notre pays.

Les importations françaises de soja provenant du Brésil, en fonction des principaux négociants, en 2017

Société importatrice	Tonnes de soja	Part des importations
Bunge	586 355	31,9%
Cargill	564 443	30.7%
Louis Dreyfus	367 868	20%
Amaggi	91 245	5%
Biantrade LLP	59 667	3,2%
CP Global Trading LLP	50 984	2,8%
Cefetra BV	41 240	2,2%
Coamo	22 682	1,2%
Autres	55 556	3%
Total	1 840 040	100,00%

Source : Trase.earth

D'après l'enquête de l'association, ce sont les activités de ces deux négociants de soja qui ont entraîné la plus grosse partie de la deforestation récente. « Les 29 communes du Cerrado où Bunge exploitait ses silos commerciaux ont vu près de 50 000 hectares de forêts disparaître en 2015, et un total de 567 562

8. « Connect, nourish, grow », Cargill, annual report, 2018.

hectares pour la période allant de 2011 à 2015. Au cours de cette même période, pour les 24 communes où Cargill exploitait ses silos commerciaux, ce sont 130 000 hectares de forêts qui ont disparu. Cargill et Bunge ont aussi exploité ensemble leurs silos sur 12 communes ; ces zones ont été déboisées sur 90 129 hectares, toujours sur cette même période de temps » [9], indique le rapport de l'association Mighty Earth. « De grandes entreprises de l'agroalimentaire comme Cargill et Bunge sont en train d'orchestrer la destruction d'anciens écosystèmes indigènes, entraînant avec eux la disparition de l'habitat d'une faune autochtone pour laisser la place à des monocultures industrielles de soja », accuse l'association.

La déforestation dans le Cerrado

Ci-dessous: Déforestation sur la Fazenda São José, São Desidério, Brésil. Photo: Jim Wickens, Ecostorm

Source : « Les derniers mystères de la viande. Les secrets de Burger King et de la production mondiale de viande ». Mighty Earth. Février 2017

Un autre rapport publié par l'association Mighty Earth en 2018 met en évidence des liens entre l'approvisionnement en soja d'entreprises françaises et la déforestation dans le Gran

9. « Les derniers mystères de la viande. Les secrets de Burger King et de la production mondiale de viande », Mighty Earth, février 2017.

Chaco, une zone de 110 millions d'hectares de forêts sèches qui recouvrent une partie de l'Argentine, de la Bolivie et du Paraguay. « Dans cette région, 8 millions d'hectares de forêts ont disparu en seulement 12 ans », peut-on y lire[10].

Le Gran Chaco

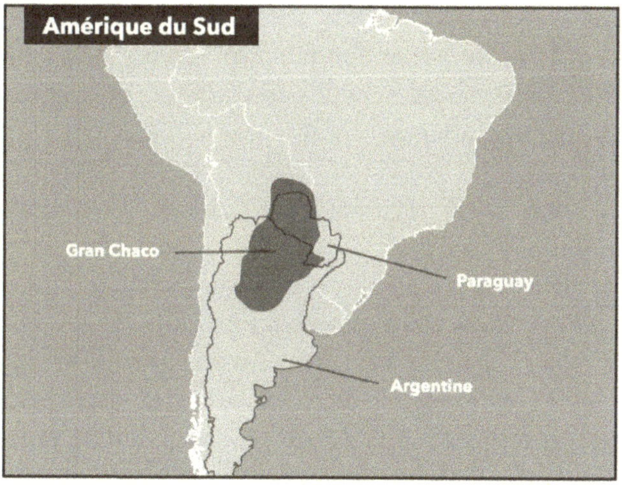

Source : Mighty Earth, Rainforest Foundation Norway, « Quand la déforestation s'invite à notre table ». mars 2018

Là encore, plusieurs propriétés confirment vendre directement leurs grains au négociant Bunge. Quant aux nombreux producteurs qui indiquent ne pas connaître la destination finale du soja qu'ils cultivent, ils envoient leur marchandise à des coopératives situées à Rosario. C'est de ce port argentin que le soja prend ensuite la direction de la France. Cargill possède une infrastructure pour le soja dans le port de Montoir-de-Bretagne

10. « Quand la déforestation s'invite à notre table », Mighty Earth, Rainforest Foundation Norway, mars 2018.

à Saint-Nazaire et Bunge est implanté à Brest. Essentiellement destiné à l'alimentation des animaux d'élevage, le soja argentin et brésilien entre ainsi dans notre chaîne d'approvisionnement du secteur alimentaire et de la grande distribution. Ce que Mighty Earth et d'autres associations de défense de l'environnement dénoncent, c'est ce système d'approvisionnement des entreprises françaises : « Le secteur agricole français dépend fortement du soja importé pour ses élevages porcins, bovins, de volaille, et pour sa production laitière ». En 2016, la France a en effet importé près de 3,5 millions de tonnes de tourteaux de soja venant principalement d'Amérique latine.

Le 27 mars 2017, la France s'est dotée d'une législation spécifique, la loi « devoir de vigilance » qui oblige certaines grandes entreprises à identifier et prévenir les risques et atteintes graves à l'environnement et aux droits humains résultant de leurs activités, de celles de leurs sous-traitants et founisseurs habituels. Le non-respect de l'obligation de vigilance peut engager leur responsabilité devant la justice. Un an plus tard, l'association française de défense des populations victimes de crimes économiques Sherpa, et la fédération française des associations de protection de la nature et de l'environnement France nature environnement se sont associées à Mighty Earth pour interpeller les plus importantes entreprises du secteur agro-alimentaire et de la grande distribution. Leur but : alerter les entreprises françaises sur la déforestation massive causée par la culture de soja dans plusieurs régions d'Amérique latine, et sur la présence possible de ce soja « sale » dans leur chaîne d'approvisionnement[11]. Elles dénoncent « la catastrophe

11. « Quand la déforestation s'invite à notre table », Mighty Earth, Rainforest Foundation Norway, mars 2018.

environnementale et humaine qui se cache derrière la viande et les produits laitiers français » et elles ont ainsi souhaité vérifier l'application du « devoir de vigilance » de vingt entreprises françaises. Parmi elles : Auchan, Carrefour, Casino, Système U mais aussi Sodexo, Bigard, Cooperl ou encore Danone et Lactalis. Les premiers contacts avec les entreprises ont eu lieu en mars 2018, puis en novembre. Les dernières relances ont été envoyées en février 2019. Le rapport qui résume les retours obtenus a été publié en mars[12]. D'après ce dernier, aucune entreprise ne fait état de « vigilance satisfaisante ». Seuls Danone, Bel et Carrefour montrent une « vigilance en voie d'acquisition ». Six entreprises en sont aux « prémisses d'une démarche de vigilance ou de sa démonstration », et pour les onze restantes, c'est-à-dire la majorité, l'étude conclut qu'elles montrent une « vigilance faible ou non démontrée ».

Il est à noter que l'entreprise Avril, dont l'une des filiales est Sanders, le leader français de la nutrition animale, n'est pas concernée par le devoir de vigilance. Celui-ci ne concerne en effet que les entreprises qui ont plus de 5 000 employés. Avril emploie plus de 7 000 salariés mais dans 21 pays différents[13].

---

12. « Le cas oublié du soja », Mighty Earth, France nature environnement, Sherpa. mars 2019.
13. Le chiffre d'affaires d'Avril était de 6,2 milliards d'euros en 2017.

La majorité des entreprises françaises ne respectent pas le devoir de vigilance

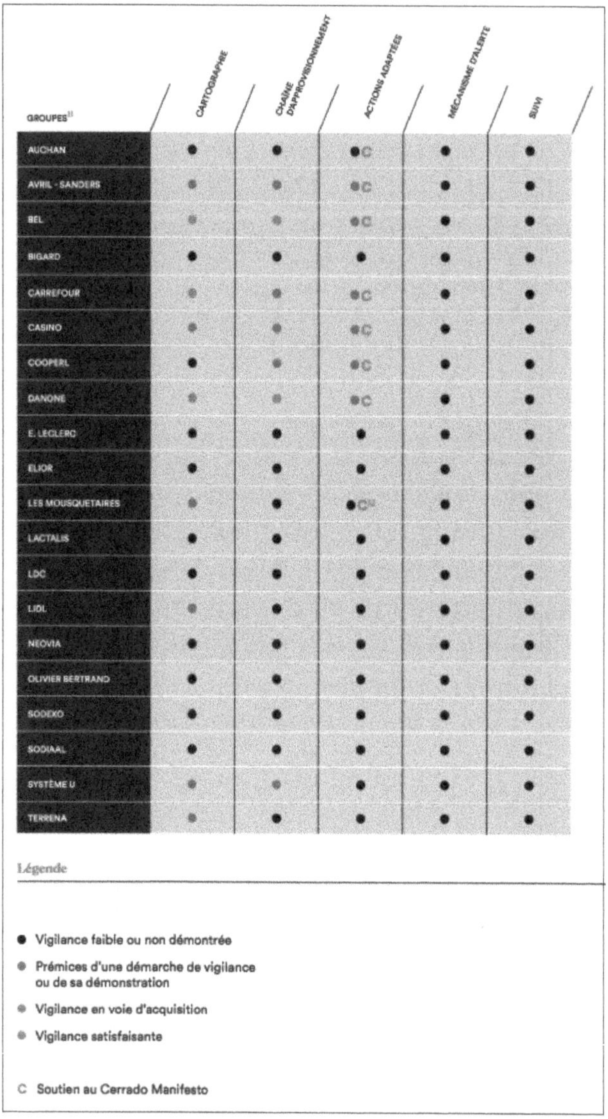

Source : « Le cas oublié du soja. Mighty Earth », France nature environnement, Sherpa. mars 2019

En 2017, le manifeste du Cerrado a été publié de manière conjointe par plus d'une cinquantaine d'organisations environnementales pour protéger les destructions de ce biome[14]. Il demande notamment aux entreprises qui achètent du soja provenant du Cerrado de ne plus s'approvisionner dans des zones récemment déboisées[15].

J'ai contacté ces vingt entreprises en septembre 2019 pour savoir si elles pouvaient m'indiquer d'où provient leur soja exactement et si elles prenaient désormais des mesures contre la déforestation. Seules trois d'entre elles m'ont apportée des éléments de réponse. La première vient du groupe Casino. À la question de savoir d'où provient le soja utilisé pour fabriquer les produits que l'entreprise commercialise, le groupe répond : « le tourteau de soja utilisé dans les filières animales en France est très largement importé de 3 pays : le Brésil, l'Argentine et les États-Unis, qui représentent plus de 80 % de la production de soja ». Casino dit s'être « engagé à lutter contre la déforestation liée au soja présent dans l'alimentation animale ». Le groupe précise également : « Compte tenu de la complexité de la chaîne d'approvisionnement et du nombre d'acteurs impliqués (distributeurs, industriels, transformateurs, éleveurs, fabricants, traders, coopératives et producteurs) entre nos fournisseurs de viande et les producteurs de soja, et des méthodes de trading du soja, nous considérons qu'il est essentiel d'agir collectivement auprès des traders pour qu'ils garantissent que le soja qu'ils achètent et fournissent aux

14. Un biome est une vaste région biogéographique s'étendant sous un même climat. Parmi les principaux biomes : la toundra, la forêt tropicale humide, la forêt tropicale et équatoriale, la savane, le désert ou encore le récif coralien.
15. « Manifesto : The future of the Cerrado in the hands of the market : deforestation and native vegetation conversion must be stopped », 2017.

entreprises françaises de l'alimentation animale n'est pas lié à la déforestation ». Casino a signé le Manifeste du Cerrado et a également adhéré à la plateforme Duralim, dont les membres s'engagent à ne pas se fournir en soja déforesté illégalement. La deuxième réponse vient du Groupe Bel qui indique quant à lui travailler depuis 2012 avec l'ONG WWF pour réduire l'impact environemental de l'amont laitier. « Une analyse fine de la composition et de l'origine des matières premières entrant dans l'alimentation des vaches laitières a été réalisée – d'abord en France et aux Pays-Bas, les deux plus grands bassins de collecte pour Bel – puis sur l'ensemble des bassins d'approvisionnement. À l'issue de cette étude, le tourteau de soja, bien que représentant une faible part dans la ration alimentaire des troupeaux, est ressorti comme l'un des ingrédients à travailler en priorité pour limiter son impact sur l'environnement et en particulier sur la déforestation. L'étude menée par le WWF France en 2012 a démontré que le soja provenait à 52 % du Brésil, 22 % d'Argentine, 26 % des autres pays comme le Paraguay ou les Etats-Unis. » Bel a également signé le Manifeste du Cerrado et fait partie de la RTRS, la Round Table on Responsible Soy.

RTRS, LA ROUND TABLE ON RESPONSIBLE SOY, DU SOJA RESPONSABLE ?

La Table Ronde sur le Soja Responsable a été créée en 2006 au moment où l'on a commencé à accuser le soja de déforester une grande partie de l'Amazonie. Cette association a été créée par Amaggi, le plus grand producteur de soja du Brésil, Cordaid, l'une des plus grandes organisations internationales pour le développement, COOP, une chaîne de supermarchés suisse, l'organisation de protection de l'environnement WWF, la FETRAF, la fédération des travailleurs de l'agriculture familiale brésilienne, et Unilever, la multinationale anglo-néerlandaise de l'agroalimentaire et des cosmétiques. Le gouvernement néerlandais a soutenu financièrement la création de cette table ronde. Rotterdam aux Pays-Bas étant le plus grand port d'Europe, c'est là qu'arrive majoritairement le soja importé d'Amérique du Sud. La RTRS rassemble donc tous les acteurs de la culture du soja. Producteurs, semenciers, industriels, financeurs et membres de la société civile (ONG) siègent autour d'une même table pour, disent-ils, « promouvoir la production d'un soja responsable » : un soja issu d'un processus qui est écologiquement correct, socialement adapté et économiquement viable. Le soja responsable doit répondre à un certain nombre de critères et notamment l'interdiction de cultiver le soja dans certaines forêts pour réduire justement la déforestation et l'usage de pesticides. Fin 2015, l'association RTRS regroupe 181 membres. Parmi eux : l'ONG environnementaliste WWF donc, mais aussi Monsanto, le leader mondial des semences et des OGM, Cargill, Bunge, Nestlé, Carrefour, Marks et Spencer, Unilever, Cooperl Arc Atlantique, FEFAC, la fédération européenne de fabrication d'aliments pour animaux, et bien d'autres.

Les premières récoltes de soja estampillées « responsables » sont arrivées sur le marché européen en juin 2011. Elles sont minimes : 3 millions de tonnes de soja RTRS pour 336 millions de tonnes de soja produit dans le monde. Surtout, parmi ces 3 millions de tonnes de soja RTRS, seulement 100 000 tonnes sont de réelles graines de soja ! La majorité de ce soja RTRS est en fait uniquement existante sous forme de certificats. Les entreprises achètent en effet des certificats pour soutenir la production du soja responsable et l'argent va à des producteurs de soja qui peuvent alors prendre les mesures nécessaires pour que leur soja soit responsable. Enfin, les graines de soja dites RTRS peuvent être soit 100 %

RTRS soit un mix entre du soja RTRS et du soja non RTRS, ce qui complexifie la traçabilité et rend très difficile voire impossible pour nous consommateurs de savoir si nous avons finalement un soja responsable dans notre assiette.

La fromagerie Bel par exemple (les fromages Kiri, Babybel, La vache qui rit, les Apericube etc) achète uniquement des certificats pour l'instant. Bien qu'ils s'engagent à avoir 100 % de tourteaux soja provenant de la filière RTRS d'ici 2025. Unilever achète des certificats et des graines de soja. Et parmi ce soja en grains, une partie est 100 % RTRS (c'est aussi un soja non OGM qu'ils utilisent pour un lait de soja non vendu en France mais au Brésil) et une partie provient de ce mix entre des graines de soja RTRS et du soja non RTRS. La plupart des entreprises utilisent un mix. Autant dire qu'il y a très peu de soja 100 % RTRS sur le marché et dans les produits que nous consommons aujourd'hui.

Danone dit utiliser 900 000 tonnes de soja de façon indirecte pour alimenter les vaches qui servent à produire le lait utilisé par l'entreprise. Cette dernière indique que ce soja provient de zones à faible risque concernant la déforestation, et que pour minimiser encore ces risques, l'entreprise travaille avec les agriculteurs à une transition vers du soja local ou des alternatives au soja. Une transition qui devrait être effective d'ici le 31 décembre 2020. Elle ajoute que le rapport réalisé par Mighty Earth souligne les défis critiques auxquels les entreprises sont confrontées quand il s'agit de stopper la déforestation. « Nous convenons que le changement doit être systémique pour relever ces défis », ajoute la marque. Les quatorze autres entreprises n'ont pas répondu à ma demande. Auchan a indiqué « ne pas vouloir prendre la parole sur ce sujet ». Bunge et Cargill, les deux revendeurs de soja, n'ont pas répondu non plus. Ils ont nié les accusations du rapport de Mighty Earth publié en 2018.

Nos animaux gavés de soja

Le soja est apparu dans l'alimentation de nos animaux au sortir de la Seconde Guerre mondiale. Une période où la demande pour de la viande et des produits laitiers à moindre coût a beaucoup augmenté. « On a utilisé du soja au moment où l'élevage s'est développé », m'explique le PDG de Philicot, une entreprise qui fournit les élevages français, notamment en aliments à base de soja. « À partir de ce moment-là, on a commencé à penser la nutrition. Et pour faire du lait, des oeufs ou de la viande, le soja est ce qui fonctionne le mieux, car ce sont des protéines végétales de qualité. Ça nous a permis de devenir plus productifs ».

Yves Dronne a été chercheur économiste spécialisé dans la nutrition animale à l'Institut national pour la recherche agronomique (INRA)[16] au moment où le soja est progressivement devenu une source de protéines importante pour nos animaux. Aujourd'hui retraité, il se souvient qu'à partir des années 90, « partout dans le monde, un modèle d'alimentation des animaux sur une ration de base maïs/soja largement dominante s'est développé ». Avant, pour nourrir nos animaux et satisfaire leurs besoins en protéines, les éleveurs utilisaient des farines dites « animales », composées de sous-produits issus des animaux, comme les os, la peau, les pattes ou le sang. Mais

16. Y. Dronne, « Les matières premières agricoles pour l'alimentation humaine et animale : l'UE et la France », INRA, 2018.

en 1988, la Grande-Bretagne, qui a établi la responsabilité des farines animales dans l'apparition et le développement de l'encéphalopathie spongiforme bovine (ESB) ou « maladie de la vache folle », les a interdites dans le pays. L'Union européenne les a proscrites pour les ruminants en 1994 et la France a fini par les bannir pour tous ses animaux en 2000. Ces farines de viande, qui contenaient en moyenne 55 % de protéines, ont alors dû être remplacées. Le soja étant le végétal qui contient le plus de protéines[17], il a été de plus en plus prisé par les éleveurs. En élevage industriel, dit intensif, l'utilisation du soja permet d'accélérer la croissance des porcs et des poulets, ou d'augmenter la production des vaches laitières.

L'augmentation de la production de viande entraine l'augmentation de la production de soja

Développement de la production de soja et de viande : 1961 – 2020

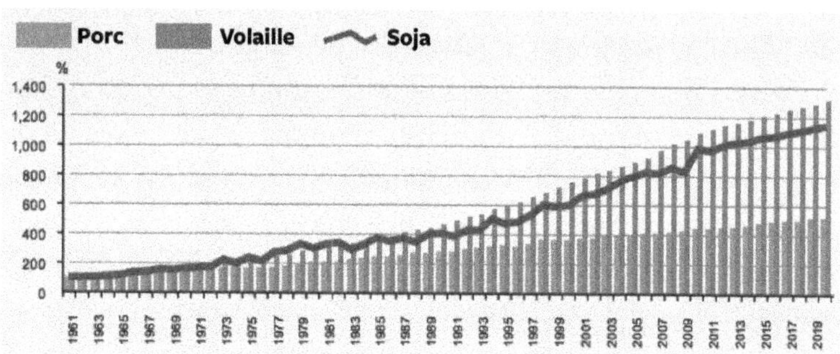

Source : « Soy Scorecard », WWF Report 2016

Aujourd'hui en France, près de 80 % des animaux sont élevés en intensif. Dans ces élevages industrialisés, les éleveurs

17. Parmi les protéines végétales possibles, les protéagineux comme le pois apportent 23 % de protéines, le colza 35 et le tourteau de soja 47.

donnent bien sûr également des fourrages et des céréales aux animaux, mais les matières premières plus riches en protéines comme le soja garantissent de plus forts rendements. D'après l'association de protection de l'environnement WWF, « un Européen mange ainsi à peu près 61 kilos de soja de manière indirecte via tous les produits animaux qu'il consomme chaque année ». D'après l'association, environ 109 grammes de soja seraient nécessaires pour produire 100 grammes de viande, 35 grammes pour un oeuf ou encore 25 grammes pour 100 grammes de fromage. Mais du côté des éleveurs, le sujet est très souvent tabou. J'ai contacté les principaux élevages français pour aller voir sur le terrain comment sont nourris nos animaux, et pour comprendre pourquoi ce soja est tant convoité. Je n'ai obtenu aucun retour positif.

C'est au Salon international de l'agriculture que j'ai commencé à trouver des réponses. Dans ce qu'on appelle « la plus grande ferme de France », au parc des expositions de Versailles, à Paris, près de 4000 animaux d'élevage sont présents. Bovins, porcs et volailles séjournent ici, avec leurs propriétaires, pendant une dizaine de jours. En marchant dans les allées, je suis tombée sur d'énormes sacs remplis de sortes de croquettes brunâtres. L'étiquette indique que ces aliments pour animaux sont composés de soja génétiquement modifié. Devant l'évidence, les éleveurs reconnaissent que le soja fait partie de l'alimentation de leurs animaux. Mais quand je demande s'il est possible de me rendre dans leur ferme dans le cadre de mon enquête, les visages se ferment. Les portes aussi. À une exception. « Celle-ci produit 40 litres de lait par jour ! », m'explique un éleveur, la main sur le flanc de Divine, sa vache qui concourt au Salon de l'agriculture pour la troisième année de suite. Pour m'expliquer ce dont personne ne veut parler dans la profession, c'est le seul qui a accepté de m'accueillir. Je tiens encore à le remercier pour son courage.

Trois mois plus tard, je prends donc la direction de l'ouest de la France pour le Calvados, où l'éleveur est basé avec ses vaches laitières depuis plus de trente ans. En fonction des années, il a toujours plus ou moins quatre-vingts vaches de la race Prim'Holstein. C'est la plus répandue en France, et c'est aussi celle qui produit le plus de lait. Pour cela, Divine consomme chaque jour entre 60 et 120 litres d'eau, elle ingère de l'herbe et jusqu'à 70 kilos d'aliments sous forme de granulés qui contiennent du soja. Le matin de ma visite, l'éleveur reçoit justement son fournisseur d'aliments. Vers 8h30, un camion de la marque Sanders[18], le leader français de l'alimentation animale, arrive. Pendant près de trente minutes, le chauffeur déverse, dans deux emplacements distincts abrités sous un préau, neuf tonnes d'un aliment appelé tourteau à base de colza, et sept tonnes d'un autre type de tourteau à base de soja. Les tourteaux sont des résidus solides obtenus après l'extraction de l'huile contenue dans les graines. Ils ont la forme de granulés. Dans les systèmes intensifs de l'ouest de la France, les éleveurs donnent à leurs vaches laitières jusqu'à 25 % de tourteaux en plus des céréales et du fourrage[19]. Le chauffeur, qui travaille dans la région depuis 15 ans, m'assure livrer des tourteaux de soja tous les jours. L'éleveur confirme : « On a toujours donné du soja aux vaches pour qu'elles produisent plus de lait. Elles mangent 50 kilos de maïs et 6 kilos de tourteaux. En ce moment, on met deux tiers de tourteaux à base de colza et un tiers de tourteaux à

18. Sanders est une filiale du groupe Avril, le géant de l'agro-industrie français (numéro un de l'alimentation animale et aussi de la production d'oeufs et d'huile de table).
19. « Les animaux d'élevage français gavés de soja "OGM importé" », *L'Express l'Expansion*, 2012.

base de soja. Le soja étant un peu plus cher, on a acheté du colza pour baisser le prix de l'aliment ». Ce jour-là, l'aliment à base de soja est vendu 320 euros la tonne, contre 260 euros la tonne de tourteaux de colza. « S'il était moins cher, on pourrait mettre plus de soja à la place du colza », regrette l'éleveur. Le cours du soja varie en fonction de l'offre et de la demande. « Cela dépend aussi des conditions climatiques dans les pays qui le produisent. Notre soja vient principalement du Brésil, d'Argentine ou des Etats-Unis ». Je lui demande s'il donne parfois du soja français à ses animaux. Il sourit et répond : « S'il n'y avait que moi en France, je pourrais donner du soja français oui ! Mais on n'en produit pas assez ».

La dépendance française et européenne en protéines végétales

Après la Seconde Guerre mondiale, plusieurs accords passés avec les États-Unis ont rendu l'Europe et la France déficitaires en oléo-protéagineux[20] (soja, colza et tournesol principalement). Dans le cadre de l'accord général sur les tarifs douaniers et le commerce signé en 1947 par 23 pays, les États-Unis ont imposé que les importations d'oléo-protéagineux en Europe – et notamment de soja que les Américains produisent – soient exonérées de droits de douane. En échange, ils ont accepté l'instauration d'une organisation commune de marché forte en faveur des céréales. Dans le cadre de la Politique Agricole Commune (PAC), les agriculteurs européens et français ont en effet été incités à développer les céréales comme le blé ou l'épeautre. Résultat : l'Europe a beaucoup développé sa production céréalière et non celle des oléo-protéagineux comme le soja. En 1973, suite à une sécheresse

20. Le soja est classé dans la famille des oléo-protéagineux car, en plus de sa richesse en protéines, il est aussi cultivé pour son huile.

sans précédent, les États-Unis ont mis en place un embargo partiel sur les exportations de soja pour limiter la hausse des cours sur leur marché intérieur. Les Européens ont alors pris conscience de leur forte dépendance. En 1974, la France lance un « plan protéines » avec notamment l'attribution d'aides pour développer et consolider la culture de protéines en France. Mais le 30 juin 1993, l'Union européenne a ratifié l'accord agricole de Blair House qui limite les surfaces consacrées aux oléo-protéagineux. Passé entre les États-Unis et l'Europe, il plafonne à 5 128 000 d'hectares les surfaces européennes de soja, colza et tournesol destinées à l'alimentation humaine. Si les éleveurs veulent nourrir leurs animaux avec du soja, ils sont donc contraints d'importer un soja américain, argentin ou brésilien. Un soja le plus souvent génétiquement modifié que les agriculteurs français n'ont, eux, pas le droit de produire. La culture de soja OGM est en effet interdite en France. En 2013, notre pays a ainsi été le second plus gros importateur de soja de l'Union européenne avec un total de 4,3 millions de tonnes de graines importées[21]. En août 2019, Terres Univia, l'organisation professionnelle des producteurs d'huiles et de protéines végétales, a confirmé que cette dépendance était toujours d'actualité : « En 2018, la France importait 620 000 tonnes de graines de soja, dont 360 000 tonnes en provenance du Brésil, et 2,93 millions de tonnes de tourteaux de soja, dont 1,8 million de tonnes du Brésil ». Durant la même période, la production française de soja n'a atteint que 400 000 tonnes. Elle est encore très loin de satisfaire la demande des éleveurs français.

21. « Enquête soja. Les bons et les mauvais élèves parmi les utilisateurs de soja pour l'alimentation animale en Europe », WWF, 2014.

Le tabou chez les éleveurs

Pour comprendre la différence entre le soja français et celui que nous importons, j'ai demandé à l'éleveur qui m'a accueillie de me montrer la liste des ingrédients présents dans les tourteaux de soja qu'il donne à ses vaches. « Dans le tourteau de soja, il y a 70 % de soja, le reste c'est du tournesol, du colza, un peu de moutarde, et de la drêche de blé… ». Il lit la liste des ingrédients à voix haute, mais il omet les mots « génétiquement modifié ». Quand je lui fais remarquer, il reprend, gêné : « C'est un OGM… oui ! Comme les tourteaux viennent du Brésil et que le soja cultivé là-bas est génétiquement modifié, il en sort des tourteaux génétiquement modifiés ».

Était-ce la raison du refus d'un grand nombre d'éleveurs, quand je leur ai demandé de m'accueillir pour me montrer comment sont nourris leurs animaux ? Quoi qu'il en soit, c'est *le* sujet à ne pas aborder avec les journalistes. Avertie de ma visite en amont, une contrôleuse laitière a souhaité être présente. Elle est employée par une entreprise de conseil qui a pour clients plus de 4 000 agriculteurs en Normandie et qui fait partie de France Conseil Élevage, la fédération nationale des entreprises au service des éleveurs de bovins et caprins qui exerce entre autres des activités de lobbying pour défendre ses adhérents. Le rôle d'un contrôleur laitier, c'est d'analyser la qualité du lait et de conseiller l'éleveur pour qu'il améliore sa productivité. Parmi ses leviers, il y a notamment l'alimentation des vaches, et la quantité de soja administrée. C'est donc un sujet qu'elle connaît bien. Mais au moment où le terme OGM est prononcé, elle met son véto. « Attendez, ça vous ne le mettez pas dans le reportage ! » s'exclame celle qui m'informe dès lors de sa volonté de rester anonyme. Je demande pourquoi je ne devrais pas donner cette information. Elle rétorque, énervée : « Parce que le monde agricole souffre trop de la mauvaise publicité qui est faite et qu'on en a marre des amalgames ». L'éleveur intervient, lui aussi très remonté : « On dit que les OGM c'est mal, mais on n'en sait rien ! Il faut laisser faire la recherche. Aujourd'hui on dit que ce n'est pas bon, mais on n'en sait rien ! ».

Que savons-nous exactement de ce soja génétiquement modifié et des produits avec lesquels il est traité ? Avant de partir, l'employée de l'entreprise de conseil insiste : « La partie sur les OGM vous n'en parlez pas, hein ? » Je la prie à nouveau de me dire pourquoi. Elle lâche : « Ce qui serait gênant, c'est que le consommateur se dise "Ohlala les vaches mangent des OGM et du coup le lait est pourri !" » Ce qui serait surtout gênant, ce serait que ce soit le cas. Cette rencontre me laisse pleine d'interrogations. Le soja OGM que l'on importe est-il, ou non, sans conséquences sur la santé des animaux et n'a-t-il réellement aucun impact sur notre santé, nous qui mangeons les produits issus de ces animaux ?

Qu'est-ce qu'un OGM ?

D'après l'encyclopédie Larousse, un organisme génétiquement modifié (OGM), ou organisme transgénique, « contient dans toutes ses cellules un ou plusieurs gènes étrangers (provenant d'une autre espèce)[22] ». Un OGM est un organisme vivant dont on a modifié de façon artificielle les caractéristiques génétiques initiales par l'addition, la suppression, la modification ou le remplacement d'au moins l'un des gènes. « L'organisme

22. https://www.larousse.fr/encyclopedie/divers/OGM/74609

transgénique a acquis des capacités qu'aucun autre individu de son espèce ne possède, est-il précisé dans l'encyclopédie. Cette technique, d'abord appliquée aux bactéries, au début des années 1970, a été étendue aux animaux puis aux plantes, une dizaine d'années plus tard ».

Développées au milieu des années 90, la plupart des plantes transgéniques ont été modifiées dans le but de tolérer les pesticides et notamment les herbicides, les désherbants destinés à tuer les mauvaises herbes. De nouvelles variétés de maïs, colza, betterave et donc de soja ont ainsi été modifiées génétiquement pour ne pas mourir quand les herbicides sont appliqués sur les champs. Les arguments de vente des entreprises qui ont commercialisé ces plantes génétiquement modifiées étaient d'abord la diminution des pertes de rendement, puis la diminution des quantités de produits chimiques utilisées[23]. Cette dernière est notamment possible grâce à la substitution de plusieurs pesticides par une seule molécule plus puissante que cette nouvelle plante OGM tolère.

En moins de 10 ans, les variétés végétales tolérantes aux herbicides ont conquis la majorité des surfaces de production. D'après un rapport réalisé conjointement par le Centre national de la recherche scientifique (CNRS) et l'Institut national de la recherche agronomique (INRA), 81 % des surfaces mondiales de soja étaient génétiquement modifiées pour être tolérantes à un herbicide en 2010. Elles se situent principalement aux USA, en Argentine et au Brésil[24].

Les OGM en soi font l'objet de controverses quant à leur innocuité pour notre santé, et le débat n'est pas tranché. Ce qui

23. « Monsanto Campaigns for GM Food in UK », *AGROW World Crop Protection News*, 12 juin 1998, p.11.
24. « Variétés végétales tolérantes aux herbicides, effets agronomiques, environnementaux et socio-économiques, de leur usage », CNRS, INRA, novembre 2011.

a été constaté à l'unanimité en revanche, c'est que l'utilisation des pesticides, si elle a effectivement baissé pendant les premières années d'utilisation de ces plantes génétiquement modifiées, a ensuite considérablement augmenté dans les principaux pays cultivateurs de ces plantes OGM.

Le pays d'où la France importe majoritairement son soja est le champion du monde de l'utilisation des pesticides

Le Brésil est aujourd'hui le premier pays consommateur de pesticides au monde et il semble en proie à une course qui va à rebours de la tendance mondiale. Depuis l'arrivée au pouvoir du président pro-agriculture intensive Jair Bolsonaro en janvier 2019, 239 nouveaux pesticides ont été homologués, ce qui porte à plus de 2100 le nombre de nouveaux produits autorisés sur le marché brésilien. Chaque année au Brésil, plus de 800 000 tonnes de pesticides sont épandues sur les cultures contre environ 65 000 tonnes en France. Là-bas, pour se débarrasser des mauvaises herbes et des autres nuisibles, les pesticides sont épandus sur les cultures OGM par voie aérienne.

L'épandage aérien de pesticides au Brésil

Source images : *Soja, la grande invasion*. France 5, KM, 2018

J'ai rendez-vous à l'aérodrome de l'école d'épandage de Laudelino Bernardi situé à Cachoeira do Sul, dans le Sud du Rio Grande Do Soul. Laudelino Bernardi forme les futurs pilotes et effectue également des prestations d'épandage pour les agriculteurs de la région. Quatre avions sont sur la piste, l'un d'entre eux est prêt à décoller. À bord, un pilote mais pas de passagers, uniquement un réservoir pour les pesticides. « Pour des raisons de productivité, les agriculteurs préfèrent la voie aérienne. C'est bien plus rapide. On n'abîme pas la culture et on ne l'écrase pas en passant au milieu, explique le PDG. On pulvérise des insecticides, des fongicides, acaricides, herbicides, des agents de mûrissement. Ce sont des produits qui favorisent la croissance des semences, qui tuent les mauvaises herbes ou les insectes qui envahissent les champs et les champignons qui viennent abîmer les cultures ». Quand je demande quels produits et quelles quantités de pesticides sont utilisés sur les cultures de soja, le PDG répond : « il existe une grande quantité de produits et on en met pas mal ». De fait, le tableau ci-dessous montre qu'une quantité considérable de pesticides est appliquée sur le soja. 570 millions de litres ont été épandus sur les champs de soja en 2015 au Brésil. Le soja fait également partie des cinq cultures qui utilisent le plus de pesticides en litres par hectare de culture.

Le soja fait partie des cinq cultures qui utilisent le plus de pesticides au Brésil en 2015

Superficie cultivée, moyenne de pesticides par hectare et total des pesticides utilisés par type de culture au Brésil en 2015

Type de culture	Etendue de la culture (hectares)	Moyenne de pesticides utilisés (litres/hectare)	Consommation totale de pesticides (litres)
Soja	32 206 787	17,7	570 060 129,90
Maïs	15 846 517	7,4	117 264 225,80
Canne à sucre	10 161 622	4,8	48 775 785,60
Coton	1 047 622	28,6	29 961 989,20
Blé	2 490 115	10	24 901 150
Tabac	406 377	60	24 382 620
Riz	2 162 178	10	21 621 780
Café	1 988 272	10	19 882 720
Agrumes	766 516	23	17 629 868
Haricots	3 130 036	5	15 650 180
Bananes	484 430	10	4 844 300
Tomates	63 626	20	1 272 520
Raisins	78 026	12	936 312
Tournesoi	111 843	7,4	827 638,20
Papaye	30 445	10	304 450
Pastèque	97 910	3	293 730

Ananas	69 565	3	208 695
Mangue	64 412	3	193 236
Melon	20 837	3	62 511
Total	71 227 136	-	899 073 840,70

Source : W.A. PIGNATI. « Spatial distribution of pesticide use in Brazil : a strategy for health surveillance », *Ciencia & saude coletiva*, 2017

« On ne veut plus respirer de poison »

Larissa Mies Bombardi est chercheuse au département de géographie de l'université de Sao Paulo au Brésil. En 2019, elle rédige un rapport qui pointe « une concentration considérable des cas d'intoxication signalés » dans les régions d'agriculture intensive, évoquant le chiffre de huit intoxications aux pesticides par jour en moyenne entre 2007 et 2014[25]. « On ne veut plus respirer de poison », c'est le titre d'un autre rapport, provenant de l'ONG Human Rights Watch cette fois-ci, publié en juillet 2018. L'ONG pointe des cas d'intoxication causés par les pulvérisations de pesticides dans sept endroits différents, répartis dans tout le Brésil[26]. Le rapport dénonce l'impact de ces pesticides sur la santé et pointe du doigt les propriétaires de grandes plantations qui ignorent souvent une réglementation nationale appelée « zone tampon », qui interdit les épandages aériens de pesticides à proximité des habitations. Pour leur défense, les pilotes qui épandent ces produits parlent d'accidents, et tiennent le plus souvent pour responsables les mauvaises conditions météorologiques. Ils sont néanmoins

25. L.M. Bombardi, « Géographie de l'usage des pesticides au Brésil et leur relation à l'UE », 2019.
26. « You don't want to breathe poison anymore. The failing response to pesticide drift in Brazil's rural communities », Human Rights Watch, 2018.

bien conscients des risques, pour les populations, et aussi pour eux-mêmes.

Dans l'école de Lauderino Bernardi, le pilote qui se prépare à voler est équipé d'une combinaison intégrale, avec masque et gants. « C'est une profession dangereuse », prévient le PDG. Il raconte que chaque année, dans son école qui a déjà formé près de 900 personnes, plusieurs pilotes déclarent forfait. Beaucoup abandonnent à cause de la dangerosité du métier, confie Laudelino Bernardi : « Ce qui est dangereux, c'est la toxicité des produits. Si on ne suit pas les consignes de sécurité, on est susceptible de s'intoxiquer ». Ce PDG sait de quoi il parle. Il en a déjà lui même été victime. « J'étais en train de pulvériser un champ, il s'est mis à pleuvoir un peu, et je suis entré dans le sillage du produit. Une partie du produit est entrée dans la cabine, et je me suis intoxiqué. J'ai été pris de vomissements, de diarrhées aigües, et d'un mal-être général ». Il ajoute, très sûr de lui : « Certains produits attaquent le système nerveux. Près des rivières, ça tue les poissons. Près des villes, ça tue les populations ». Le produit avec lequel le pilote s'est intoxiqué ce jour-là était un organophosphoré. Cette famille d'insecticide est connue pour être responsable d'un nombre de cas élevé de mortalité par intoxication. Le chlorpyrifos par exemple, qui fait partie de la famille des organophosphorés, est autorisé au Brésil mais interdit dans huit pays de l'Union européenne car trop nocif pour la santé humaine[27]. « Près d'un tiers des pesticides autorisés au Brésil sont interdits au sein de l'Union européenne », relève Larissa Mies Bombardi, la chercheuse au département de géographie de l'université de Sao Paulo. Le paraquat par exemple, un herbicide interdit depuis 2007

27. Il n'est plus utilisé que sur la culture des épinards en France.

dans l'Union européenne car suspecté de causer notamment des maladies neuro-dégénératives, faisait partie des produits les plus vendus au Brésil en 2017. Tout comme l'atrazine, un herbicide interdit dans l'Union européenne depuis 2004.

Dans le pays voisin du Brésil, l'Argentine, le soja génétiquement modifié a été autorisé à la plantation dès 1996. En 2010, 99 % des cultures de soja étaient OGM[28]. Là-bas, les populations sont exposées à une utilisation massive de pesticides depuis plus de 20 ans, et elles crient à l'intoxication généralisée.

Des écoliers intoxiqués

La province d'Entre Rios, dans le centre-est de l'Argentine, est l'une des principales régions agricoles. Comme partout ailleurs dans ce pays du sud de l'Amérique latine, les champs de soja ont progressivement supplanté l'élevage bovin traditionnel. Et les épandages de pesticides sont très fréquents.

Mariela Leiva enseigne en école rurale, dans des bâtiments généralement entourés de champs. Dans ces zones reculées des provinces argentines, il n'est pas rare d'entendre les avions épandre. Mais ce jour de 2014, alors que Mariela était en classe avec ses élèves, le bruit du moteur semblait très proche. « J'ai dit aux enfants de commencer leurs exercices pendant que j'allais voir ce qu'il se passait. J'ai attrapé mon téléphone et je suis sortie pour filmer et prendre des photos de ce que je voyais. Le nuage de pesticides arrivait directement sur l'école », raconte l'institutrice. L'épandage des pesticides est théoriquement interdit pendant les heures de classe. Quand elle retrouve ses élèves, la

28. « Variétés végétales tolérantes aux herbicides, effets agronomiques, environnementaux et socio-économiques, de leur usage », CNRS, INRA, novembre 2011.

scène est digne d'un film d'horreur. « En cinq minutes à peine, les enfants ont commencé à se sentir très mal ». Sa fille, Julietta, était dans sa classe. Elle avait dix ans à l'époque. Cinq ans plus tard, elle s'en rappelle parfaitement. « J'ai soudainement commencé à vomir. J'avais la sensation que mon ventre se tordait, que mon nez brûlait. On vomissait tous. Le plus grand des élèves a commencé à dire que ses jambes tremblaient. Je n'avais jamais senti quelque chose comme ça, c'était horrible ». Les écoliers ont tous été évacués à l'hôpital. Quelques semaines après le drame, l'institutrice ressent un mal-être général et des éruptions surviennent sur sa peau. Les examens médicaux montrent la présence de kystes sur sa thyroïde, dont elle doit encore surveiller la taille aujourd'hui. « Je ne peux être sûre que la fumigation a causé cela mais c'est apparu juste après. Il y a beaucoup d'études qui montrent que ces altérations peuvent être dues à ces produits chimiques », explique l'institutrice, qui a porté plainte. Le producteur, le président de la compagnie aérienne et le pilote ont été condamnés à 18 mois de prison avec sursis pour « blessures mineures » et « pollution de l'environnement ». Mariela Leiva n'a jamais su exactement quels produits ont été utilisés ce jour-là.

Les épandages trop proches des écoles sont si fréquents dans le pays que l'institutrice se mobilise depuis plusieurs années avec le syndicat des enseignants ainsi qu'une association de protection de l'environnement. Leur but : que les agriculteurs et les pilotes respectent les distances et les heures d'épandage. Ils se battent aussi pour faire augmenter les distances de sécurité autorisées. « Ces produits nous tuent, affirme Mariela Leiva. Ils fumigent et tout meurt, absolument tout ce qu'il y a autour. Je ne sais pas si vous avez déjà vu ce qu'il reste d'un champ de soja après la récolte : il n'y a rien, c'est une nature complètement morte. Il ne reste plus rien, c'est gris, c'est noir. Il ne reste que la paille sèche et rien d'autre. Il n'y a plus aucune biodiversité sur ces parcelles de terre ». Dans leur combat, ces habitants citent souvent un homme qui est devenu une figure locale de cette lutte anti-pesticides : Fabian Tomasi. Il habitait Basavilbasao, la ville de Mariela Leiva. Jusqu'à son dernier souffle, à 53 ans, il a accusé les épandages de pesticides d'être responsables de ses maladies. Le vendredi 7 septembre 2018, la mort de cet Argentin a même été relayée par plusieurs journaux français.

LA MORT DU MILITANT ANTI-PESTICIDES FABIAN TOMASI RELAYÉ DANS LE JOURNAL FRANÇAIS *LE MONDE*

PLANÈTE Favoris Partage

Mort de Fabian Tomasi, militant anti-pesticides dont le corps était devenu une arme

« Mon corps est consommé », disait cet Argentin de 53 ans, chargé de remplir d'herbicides les réservoirs des avions d'épandage.

Par Charlotte Chabas · Publié le 10 septembre 2018 à 14h28 · Mis à jour le 10 septembre 2018 à 20h54

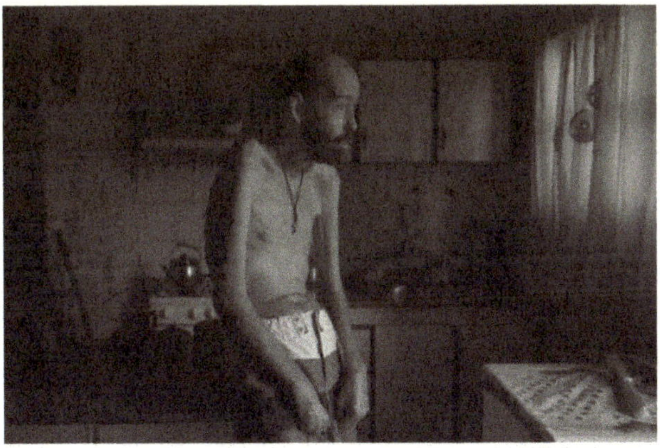

Fabian Tomasi dans sa cuisine de Basavilbaso, dans la région d'Entre Rios, en février 2018. PABLO AHARONIAN / AFP

Source : *Le Monde*

Dès l'âge de 23 ans, Fabian Tomasi est chargé de remplir de pesticides les réservoirs des avions qui les épandent sur les champs de soja de la région. Sans protection. Dans les cuves, des pesticides interdits d'utilisation dans l'Union européenne. Aussi des produits classés probablement cancérogènes par le Centre international de recherche sur le cancer (CIRC) comme le glyphosate ou le 2-4D. Le 2-4-dichlorophénoxyacétique est une substance qui entrait dans la composition de l'agent orange utilisé pendant la guerre chimique du Vietnam. Diabétique chronique, Fabian Tomasi se plaignait de douleurs aux doigts, sa capacité pulmonaire était diminuée et ses coudes et ses genoux infectés. Fabian Tomasi s'est finalement vu diagnostiquer une polyneuropathie toxique grave ; un syndrome neurologique qui comprend un ensemble de maladies inflammatoires et dégénératives. À la fin de sa vie, il faisait état de souffrances telles qu'il ne dormait plus, « de peur de ne pas se réveiller », écrit-il dans une lettre adressée à un site militant. Les photos prises pendant les derniers jours de sa vie montrent un homme qui n'avait plus que la peau sur les os. Le lien entre son exposition aux pesticides et ses maladies n'a jamais été officiellement reconnu, mais il a inlassablement continué de scander que ces produits étaient responsables de son état, et il est loin d'être le seul dans le pays.

Des malades à tout bout de champ

À quatre heures de route plus au Sud, Sabrina Ortiz habite la ville de Pergamino, au Nord de la province de Buenos Aires. Dans sa maison de ville, le sol bordeaux et les murs verdâtres renvoient une tonalité triste d'une époque passée. Mais peu importe. La priorité de cette mère de famille est de vivre le plus loin possible des champs de soja et des épandages de pesticides. Sabrina Ortiz est née à quelques kilomètres de là, dans le quartier de Villa Alicia, une partie de la province de Buenos Aires qui comporte là encore de nombreux champs de soja. Ses enfants sont nés là-bas eux-aussi. Au fur et à mesure des années, toute la famille, sans exception, est tombée malade.

Le combat de Sabrina Ortiz contre les épandages de pesticides a commencé le jour où cette femme a perdu un enfant, à cinq mois de grossesse. Cela s'est passé juste après une pulvérisation de pesticides, sur un champ de soja situé à côté de son domicile. C'était en 2011. « Ils avaient fumigé l'après-midi », se souvient Sabrina. « Dans la nuit qui a suivi, j'ai commencé à avoir des nausées, une réaction allergique sur ma peau, la gorge enflammée et le nez qui me brûlait, je ne pouvais pas avaler, je pouvais à peine respirer, j'avais l'impression que toutes mes voies respiratoires étaient brûlées. J'ai commencé à ressentir des contractions alors je suis allée chez le médecin ». Sabrina a fait une fausse couche. Elle raconte que le médecin a été catégorique : pour lui, c'est dû aux pesticides. « J'ai expliqué au médecin ce qu'il s'était passé et il m'a dit de vive voix "ça, c'est une intoxication aux pesticides. Ils vous ont empoisonné", c'est ce qu'il m'a dit. » Il refusera par la suite d'écrire ce diagnostic noir sur blanc. Faute de preuves.

Quelques mois plus tard, Sabrina Ortiz retombe enceinte. La grossesse est difficile, mais elle donne finalement naissance à son fils Ciro. En quelques mois, la santé de celui-ci va progressivement se dégrader. À l'âge de deux ans, il est atteint d'adénomégalie, une maladie qui se manifeste notamment par une augmentation des ganglions lymphatiques, associée à de fortes fièvres. Aujourd'hui âgé de six ans, sa santé est toujours très fragile. « Mon fils est aujourd'hui considéré comme un enfant immunodéprimé parce que son système immunitaire est constamment activé alors qu'il n'est pas malade. C'est pour cela qu'il est propice aux maladies. Un examen a démontré que son système de coagulation est également complètement altéré alors qu'il n'a que six ans. Le médecin m'a expliqué qu'il est très fréquent que la coagulation soit altérée chez les personnes qui ont des pesticides dans le sang, dans le corps ». Sa fille s'est vue, quant à elle, diagnostiquer une maladie auto-immune à 14 ans. « Ma fille est celle qui a le plus souffert. Elle a terminé le lycée l'année dernière, mais scolarisée à la maison ». En raison de sa maladie, des cellules produisent des kystes sur ses articulations. « Elle a été un an en fauteuil roulant, elle souffrait beaucoup à cause de la maladie mais également à cause de tous les médicaments qu'elle devait prendre. Toutes ses articulations lui faisaient mal, elle ne pouvait pas dormir à cause de la douleur et elle était déjà aux doses maximum de médicaments. Ça nous a très lourdement affectés. Surtout les enfants ».

Pour cette mère, tous ces problèmes de santé ont la même origine : les épandages de pesticides sur les champs de soja qui jouxtaient sa maison. Au point qu'après une énième pulvérisation, un médecin qui suspecte lui aussi la responsabilité des pesticides lui a conseillé de déménager. « Nous rentrions chez nous, il devait être 19h. Quand nous sommes arrivés, ça sentait très mauvais. L'odeur était même insupportable. Mon fils a tout de suite eu une allergie marquée au visage, ses yeux sont devenus tout rouges. Il souffrait déjà de difficultés respiratoires à l'époque. Là, on ne pouvait pas respirer. J'ai dû descendre de la voiture en apnée. Quand j'ai ouvert la porte de chez moi, toute cette odeur a pénétré à l'intérieur ». Là encore, il est théoriquement interdit d'épandre des pesticides trop près des habitations. Inquiète, Sabrina appelle les services municipaux. En vain. « J'ai appelé à plusieurs endroits et personne n'a voulu m'entendre. Lorsqu'on essayait d'ouvrir les fenêtres, ça rentrait encore plus. Et les fenêtres fermées, on s'asphyxiait. C'était en train de nous tuer, c'était vraiment insupportable ». Quand elle se souvient de cette nuit, sa voix se casse. « Donc nous sommes partis. J'ai appelé mon père qui a une camionnette et qui vivait tout près, il m'a aidé à prendre des affaires et nous sommes venus ici ». Sabrina se met à pleurer. « C'est toujours très douloureux, car nous avions construit notre maison comme nous la voulions là-bas, nous y avions mis beaucoup d'efforts. Mon fils pleurait, il disait qu'il voulait retrouver son lit ».

Au fur et à mesure des années et des épandages, d'autres victimes se sont manifestées dans son quartier. « À moins de 400 mètres de chez moi, à quatre pâtés de maisons, il y a beaucoup de personnes malades, beaucoup, parce que quand il y a des fumigations, cela touche tout le quartier. » Avec ces autres victimes, Sabrina Ortiz a créé l'association des « mères des zones fumigées de Pergamino ». Elle regroupe les mères d'enfants malades qui se battent contre les épandages de pesticides en dehors des heures et des zones autorisées. Elle a également repris ses études et est devenue avocate spécialisée dans le droit environnemental et la santé. « On lutte pour la santé de nos enfants et la santé de tous », précise Sabrina qui ajoute « on est en train de nous empoisonner, on tombe malades et un jour cela nous tuera tous ».

Des médecins inquiets

En Argentine, dans la province d'Entre Rios, celle de Mariela Leiva, l'institutrice qui a vu s'abattre une pluie de pesticides sur son école, et de Fabian Tomasi, décédé en 2018 d'une polyneuropathie toxique grave, plusieurs médecins regroupés au sein du Réseau des médecins des villages fumigés, parlent d'« épidémie ». D'après eux, là-bas, le nombre de cancers est presque trois fois plus élevé que dans les villes. Et ils affirment qu'ils ont progressé depuis que l'utilisation des pesticides a augmenté.

Damian Verzenassi est médecin, professeur et directeur de la filière médecine à l'Université nationale du Chaco Austral, dans la province du Chaco. Il est aussi directeur des sciences médicales de l'Université nationale de Rosario. À partir de 2010, il a mis en place une nouvelle formule d'examen final pour ses étudiants qui l'a amené – un peu par hasard – à faire un lien entre l'utilisation des pesticides et la survenue de maladies parmi les populations rurales argentines. Damian Verzenassi souhaitait que ses étudiants pratiquent l'enquête épidémiologique. Le but de l'enquête épidémiologique est de tenter d'établir une association entre l'exposition à certaines substances et la survenue de maladies, en analysant les facteurs qui influencent la fréquence ou la distribution de maladies et d'autres phénomènes de santé dans les populations exposées à ces facteurs. Sous sa direction, depuis 2010, chaque promotion de futurs médecins en dernière année d'étude part donc interroger les habitants de plusieurs zones agricoles. Ils installent à chaque fois un camp sanitaire où, pendant plusieurs jours, les étudiants sondent les habitants. Les questions sont toujours les mêmes pour ne pas biaiser les résultats. Dans cinq à six communes par an, l'état de santé de chacun est ainsi passé au crible. Ce médecin a ainsi pu recueillir des données auprès de plus de 100 000 personnes. « Nous nous attendions à retrouver dans nos résultats le même profil sanitaire que sur l'ensemble de l'Argentine. Mais cela n'a pas été le cas ». Lors de ces campements sanitaires, ce médecin découvre que dans plusieurs régions où l'usage des pesticides a augmenté, les maladies ont progressé elles-aussi. Dans les villages concernés par l'enquête, certaines maladies sont également plus présentes qu'au niveau national, notamment celles liées aux perturbations endocriniennes et au fonctionnement de la thyroïde. Ses équipes d'étudiants ont également constaté une augmentation des maladies allergiques respiratoires, des troubles neurologiques comme Alzheimer ou Parkinson, des fausses-couches et des malformations congénitales. Et aussi des cancers. « Le taux de cancer, qui est de 217 pour 100 000 habitants en Argentine, atteint aujourd'hui 397,4 cas pour 100 000 habitants dans les villes enquêtées ». C'est presque deux fois plus. D'après leurs données de 2013, le cancer est la première cause de mortalité dans 25 villes étudiées, ce qui n'est pas le cas au niveau national. « 90 % des personnes interrogées vivent à moins de 1 000 mètres de terres traitées aux pesticides, et dans 60 % des cas de cancers diagnostiqués, la cause supposée par le patient est le traitement des cultures », indique le docteur Verzenassi. Pour lui, c'est désormais une évidence : « Nous pouvons sans l'ombre d'un doute voir l'impact des substances chimiques sur la santé des gens. On ne peut pas ignorer que l'utilisation de produits agrochimiques a augmenté de 853 % entre 1996 et aujourd'hui, alors que dans la même période la superficie de terres cultivables n'a augmenté que de 50 % ».

Le docteur Jorge Herce est médecin spécialisé en pédiatrie et néonatologie. Il exerce à Los Toldos, dans la province de Buenos Aires, à deux heures environ au Sud de Pergamino, où vit Sabrina Ortiz et les mères d'enfants malades regroupées en association. Ce médecin a, lui, décidé de répertorier les cas de malformations congénitales qu'il rencontrait dans les hôpitaux locaux, car il avait l'impression qu'avec les années, les anomalies génétiques étaient de plus en plus fréquentes. Pour le docteur, le lien entre épandage de pesticides et malformations congénitales est évident : « Si nous comparons les surfaces cultivées avec les malformations, nous remarquons qu'à de nombreux endroits, le lien apparaît de façon frappante. Il y a une coïncidence statistique entre de nombreux cas de malformations et les surfaces semées de soja ». Et certains cas inquiètent particulièrement ce médecin. « À Baigorita, une petite ville qui fait partie du département de General Viamonte, il y a eu deux cas d'atrésie de l'oesophage en l'espace de deux ans alors que c'est une maladie qui a une fréquence de 1 cas pour 3500 habitants. C'est une malformation rare. À Baigorita il y a environ trente naissances par an, donc il faudrait 100 ans pour que le cas se répète. En deux ans nous avons deux cas ». Aucun lien entre ces maladies et les fumigations n'a été officiellement établi ici non plus, mais le médecin est persuadé de la dangerosité de l'exposition des populations aux pesticides.

Cette inquiétude, présente chez les médecins argentins depuis de nombreuses années, grandit désormais aussi en France, notamment dans les ports français où arrivent chaque semaine des milliers de tonnes de graines de soja. Car les pesticides épandus sur les champs s'accumulent dans les grains[29].

L'inquiétude dans les ports français

Le soja en provenance d'Amérique latine arrive chaque jour en France dans d'immenses bateaux. Pour observer ce manège

29. T. Bohn, « Compositional differences in soybeans on the market », *Food Chemistry*, 2013.

quotidien, il faut se rendre sur le port de Nantes Saint-Nazaire, le long de l'estuaire de la Loire. Dans l'enclave de Montoir de Bretagne, un bateau est à quai. Il est arrivé du Brésil la veille et il contient 26 000 tonnes de soja génétiquement modifié à destination de notre bétail.

Quand je m'y rends en avril 2018, je rencontre un jeune docker de 17 ans qui travaille ici depuis trois mois. L'allure frêle, il se prépare à descendre dans la cale située entre le dernier pont et le fond, celle qui contient la cargaison. Sur ce port, l'essentiel du soja arrive du Brésil en vrac dans des bateaux appelés vraquiers. Ils peuvent transporter jusqu'à neuf cales contenant chacune 35 000 tonnes de marchandise. Comme toute nouvelle recrue, le travail de ce jeune docker consiste à faire tomber les blocs de soja qui restent collés aux parois. Le client ne doit pas perdre de marchandise et quand le bateau repart il doit être propre. Pour travailler, il porte un équipement dit « intégral » : combinaison, gants, masque. A priori, il est protégé pour faire face au nuage de poussières de soja dans lequel il va s'enfoncer, pendant six heures d'affilée. Mais quand d'énormes blocs de soja s'effondrent sur le jeune travailleur, les protections ne semblent plus efficaces.

LE DOCKER PORTE UN MASQUE DE PROTECTION, MAIS IL MONTRE QUE LA POUSSIÈRE DE SOJA ENTRE À L'INTÉRIEUR DE CELUI-CI

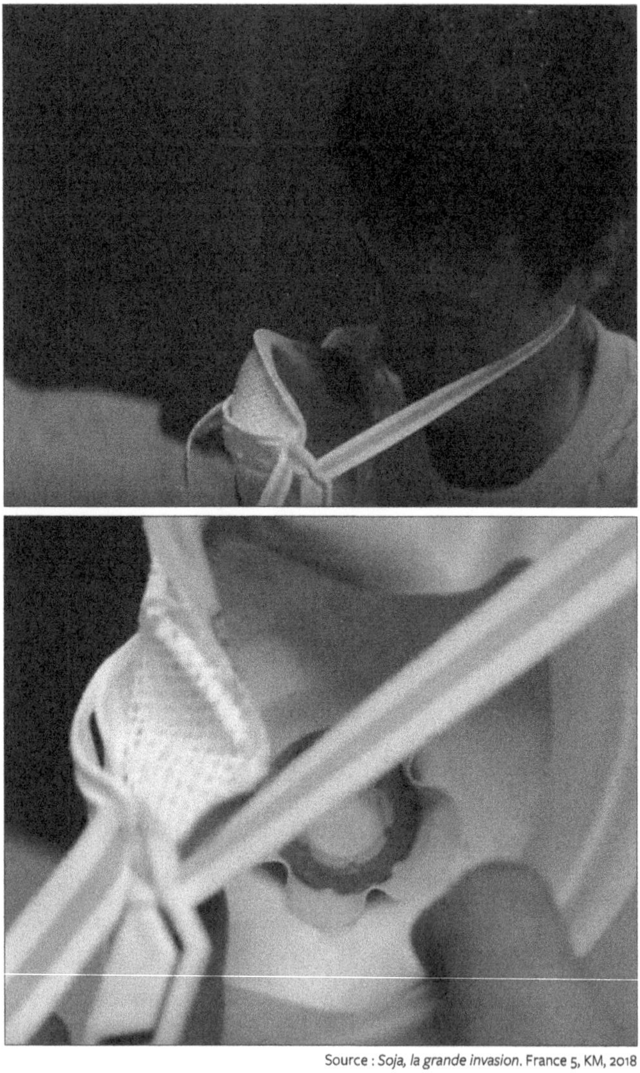

Source : *Soja, la grande invasion*. France 5, KM, 2018

« Parfois ça pique les yeux, explique le docker, quand on a du soja qui arrive dans l'oeil par exemple ». Tout en enlevant son masque, il montre le soja qui s'est glissé à l'intérieur de celui-ci. Et il affirme en ingérer régulièrement. « Vous voyez la poussière jaune ici ? Ça passe par l'endroit où on respire. Ce n'est pas encore une protection à 100 %. Ce produit est extrêmement dangereux car on ne le sent pas quand on l'avale ». Si le jeune docker est inquiet, c'est parce qu'en 2014, une enquête menée par une association de protection au travail a montré que ces trente dernières années, sur ce port, sept dockers décédés sur dix sont morts d'un cancer[30]. C'est trois fois plus que la moyenne française[31]. Parmi les causes suspectées : la manipulation des marchandises importées comme le soja traité au champ avec des pesticides. Des marchandises également aspergées d'autres produits juste avant la traversée en mer, afin de décourager champignons, rongeurs et insectes. Sur le terrain, ils sont nombreux à s'inquiéter de la toxicité des substances qu'ils manipulent.

Après trente-cinq années de labeur dans les cales, Marcel est désormais à la retraite. Quand ses chaussures foulent à nouveau le parterre bétonné du port, il a le coeur serré. En 2013, encore en activité, l'ancien docker développe un cancer de la prostate. « Quand tu pars à la retraite et que tu es malade, ça fout les boules », lance-t-il d'un air désespéré. Il est persuadé que le soja et les autres marchandises qu'il a transportées pendant sa carrière ont contribué à l'apparition de sa maladie. Son regard se tourne vers le nuage de poussières qui émane du bateau

30. P. Chaumette, V. Daubas-Letourneux, A. Emane, F. Héas, C. Coutanceau, « Enjeux de santé au travail et cancers : Les expositions à supprimer dans les métiers portuaires. Une recherche-action sur le grand port maritime de Nantes / Saint-Nazaire : Programme Escales », Rapport scientifique, 2014, p.6.

31. D'après les statistiques publiées par l'association La Ligue contre le cancer.

rempli de soja brésilien, et ses yeux se remplissent de larmes. Il ne peut contenir sa colère : « Regardez la poussière que ça fait… Regardez la poussière qui se dégage ! On a eu ça pendant vingt-cinq ans, sans masque, sans rien du tout ! Aucune protection ! » Il pointe la main droite en direction de sa gorge. « Avec cette poussière, on crache de la saleté. On crache du soja ! On est obligés de se gorger d'eau à bloc pour recracher de l'eau et pour se laver un peu à l'intérieur ». Quand on lui demande s'il pense que cette poussière de soja est dangereuse, il répond sans hésiter : « Il y a des pesticides là-dedans. Ils nous empoisonnent petit à petit, doucement ».

L'ENQUÊTE PUBLIQUE DES DOCKERS DE SAINT-NAZAIRE, LA PREMIÈRE À QUESTIONNER LE LIEN ENTRE LES MALADIES DÉVELOPPÉES PAR LES DOCKERS ET LES MARCHANDISES QU'ILS MANIPULENT

Fin 2007, le diagnostic tombe pour un autre docker : Jean Luc Chagnolleau. Lui est atteint d'un cancer du rein. Il est alors âgé de 51 ans et il mène une vie plutôt saine, donc il s'interroge sur les causes possibles de sa maladie. Rapidement, il pense à son métier, qu'il exerce depuis 1975. À partir de ce moment-là, il va contacter ses collègues, un à un. Il veut savoir si, comme lui, d'autres sont tombés malades. Et il constate rapidement l'ampleur des dégâts. Interloqué par le nombre de cancers qu'il répertorie, Jean-Luc Chagnolleau fait part de ses découvertes à des médecins cancérologues, qui l'encouragent à poursuivre ses recherches. Avec ses collègues syndicalistes, il crée l'Association pour la protection de la santé au travail dans les métiers portuaires (APPSTMP) en février 2010. Ce sont eux qui prendront le relais à sa mort, un an et demi plus tard. L'association va notamment créer un programme inédit, nommé « Escales », qui a pour but d'examiner si la dégradation de la santé des dockers peut être liée aux produits qu'ils manipulent. C'est la première fois qu'une telle enquête est effectuée. Médecins du travail, médecins généralistes et sociologues ont travaillé sur ce programme de recherche financé par le Conseil régional de Loire-Atlantique et soutenu par la Direction régionale des entreprises, de la concurrence, de la consommation, du travail et de l'emploi (Direccte). Il porte sur la population de dockers encore actifs en 1992 sur le port de Nantes Saint-Nazaire. Le rapport, qui montre que sept dockers décédés sur dix l'ont été d'un cancer, pointe également le fait que l'espérance de vie de ces travailleurs est d'une dizaine d'années inférieure à celle de leurs aînés. L'équipe de recherche du programme Escales retrace alors les parcours de vie de ces dockers pour lister les substances potentiellement dangereuses et cancérogènes auxquelles ils ont été exposés pendant leur travail. Pour cela, ils vont notamment pouvoir s'appuyer sur leurs « carnets de travail ». Payés jadis à la semaine, ces carnets de travail font état, jour après jour, des différents bateaux sur lesquels les dockers ont travaillé, et des marchandises qu'ils contenaient. À l'époque, les dockers répertoriaient ces informations pour vérifier que le travail accompli leur soit bien payé. Désormais, ils se replongent dans leurs notes pour essayer de comprendre si ces différents travaux ont pu être à l'origine des maladies contractées.

Le 5 décembre 2015, quatre ans après la mort de Jean-Luc Chagnolleau, le docker qui a initié cette enquête sur le port[32], le tribunal des affaires de sécurité sociale de Nantes a estimé que sa multi-exposition aux poussières et à des produits toxiques et cancérogènes « a eu un rôle causal direct et essentiel dans la survenance de ses pathologies ». Les magistrats ont donc reconnu le caractère professionnel des cancers de ce docker. Ils

32. Voir encadré précedent.

ont ainsi fait le lien entre les produits toxiques contenus dans les marchandises déchargées par les dockers du port de Nantes Saint-Nazaire et les pathologies révélées.

Parmi la centaine de cargos que les dockers déchargent et nettoient chaque année, il y a des marchandises qui contiennent des substances potentiellement dangereuses, comme du ciment, du charbon, ou de l'engrais. Mais ce que cette enquête révèle également, c'est que l'exposition des dockers du port de Nantes Saint-Nazaire aux aliments du bétail et aux oléagineux, et donc notamment au soja et tourteaux de soja[33], est la plus importante.

L'EXPOSITION DES DOCKERS AUX ALIMENTS DU BÉTAIL ET OLÉAGINEUX, DONC NOTAMMENT AU SOJA, EST LA PLUS IMPORTANTE.

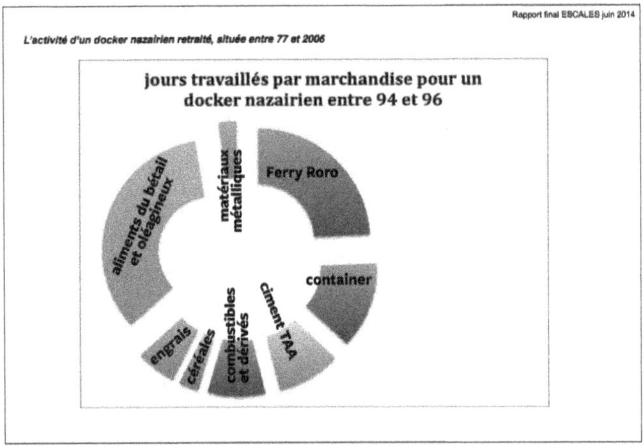

Source : « PROGRAMME ESCALES. Enjeux de santé au travail et cancers : Les expositions à supprimer dans les métiers portuaires », 2014.

33. P. CHAUMETTE, V. DAUBAS-LETOURNEUX, A. EMANE, F. HÉAS, C. COUTANCEAU, 2014, p.94.

Aucune étude là encore n'a été menée pour savoir si les pesticides aspergés sur le soja sont directement responsables des maladies développées par ces dockers. Mais lorsque je les ai rencontrés en 2017, un produit les inquiétait particulièrement : le Roundup. Cet herbicide dont le principe actif, le glyphosate, a été classé cancérogène probable par le Centre International de Recherche sur le Cancer (CIRC) en 2015. Très controversé depuis, il reste néanmoins l'herbicide le plus utilisé au monde sur le soja.

La dépendance du soja OGM au glyphosate

La première plante de soja transgénique a été commercialisée en 1996 aux Etats-Unis. Elle a été créée par le leader mondial des OGM, l'entreprise Monsanto[34]. Baptisée Roundup Ready, cette plante de soja transgénique a une particularité : elle a été conçue pour résister à ce fameux Roundup, un herbicide qui a pour principe actif[35] le glyphosate. Monsanto, l'inventeur de ce soja génétiquement modifié a également mis au point cet herbicide qui lui est associé, le Roundup. Cet herbicide est dit « à large spectre », car il est conçu pour tuer les mauvaises herbes et la plupart des plantes, sauf celles qui ont été conçues pour lui résister, comme ce soja Round up Ready. Car grâce à la modification de ses gênes, le soja transgénique y est insensible. Ainsi, quand tout le champ de soja OGM Roundup Ready est pulvérisé avec du Roundup pour détruire les

34. Aujourd'hui Bayer, le groupe pharmaceutique allemand ayant racheté Monsanto en 2018 pour la somme de 56 milliards d'euros.

35. Tous les pesticides sont composés d'un ou plusieurs principes actifs auxquels sont ajoutés d'autres substances comme des surfactants qui aident le principe actif à agir et pénétrer dans les plantes. Le principe actif est celui qui agit sur les nuisibles.

mauvaises herbes, le soja génétiquement modifié, lui, reste intact. En 2013, les plantes de soja Roundup Ready représentaient 63 % du total des plantes transgéniques commercialisées. 99 % des surfaces de soja cultivées en Argentine en 2010 étaient Roundup Ready, 93 % aux États-Unis et 75 % au Brésil[36]. Cette combinaison « soja OGM + herbicide à base de glyphosate » a rapidement conquis les agriculteurs.

« L'arrivée du soja Résistant au Roundup a résolu tous nos problèmes »

Au Brésil, le soja génétiquement modifié Roundup Ready est arrivé en 2004. Parmi les 216 000 exploitations agricoles brésiliennes répertoriées comme cultivant du soja en 2018, 195 000 sont situées dans le sud du pays. À l'extrême Sud, dans la région du Rio Grande Do Soul, des milliers d'exploitations cultivent ce soja OGM. La famille Machiavelli possède 3000 hectares de terre, l'équivalent de plus de 4000 terrains de football. Si les Machiavelli cultivent aussi du maïs, le soja génétiquement modifié représente le plus gros de leur production. « Aujourd'hui, notre or dans la région, c'est le soja RR (Roundup Ready ndlr) », s'exclame fièrement Ajadir Machiavelli, le père. L'homme semble minuscule devant l'immensité de l'entrepôt où est stocké le soja. « Des milliers de graines sortent d'ici pour aller partout dans le monde, jusqu'en France ! », explique l'agriculteur très enthousiaste. « C'est une culture qui alimente notre économie et grâce à elle, on peut nourrir directement ou indirectement des millions de personnes dans le monde entier ». Un chapeau de la marque Pioneer – un autre leader mondial de

36. « Variétés végétales tolérantes aux herbicides, effets agronomiques, environnementaux et socio-économiques, de leur usage », CNRS, INRA, novembre 2011.

la fabrication d'OGM – vissé sur le crane, il a les traits marqués par toute une vie de labeur, mais l'oeil satisfait. « Mes parents ont commencé à travailler avec le soja, mes oncles aussi. Aujourd'hui, notre économie est basée sur la culture du soja. Partout au Brésil, l'agriculture c'est le soja ». Chaque année, Ajadir Machiavelli récolte en moyenne 12000 tonnes de soja. Près de 300 fois plus que la récolte moyenne d'un agriculteur français en soja non-OGM !

Le gouvernement brésilien a autorisé la culture du soja OGM Roundup Ready au début des années 2000, mais le soja génétiquement modifié était présent bien avant. « Au début, dans notre région, les semences génétiquement appelées RR venaient d'Argentine par contrebande », se souvient Ajadir Machiavelli. Dans le pays voisin, les premières semences de soja génétiquement modifiées sont arrivées dès 1996. « C'est parce que les semences génétiquement modifiées ont progressivement innondé le marché brésilien, et les champs aussi, qu'elles ont été autorisées, et aujourd'hui 100 % des parcelles sont RR ». Cette famille cultive le soja depuis 30 ans, et d'après le père, l'arrivée du soja OGM a considérablement augmenté leurs rendements. « Cette technologie nous a beaucoup aidés, reconnaît Ajadir Machiavelli. On a commencé à utiliser le soja RR (Roundup Ready), un soja résistant au Roundup, car jusque-là, on avait des problèmes de mauvaises herbes qu'il était très difficile de contrôler ».

Le mécanisme d'action principal du glyphosate est d'inhiber la croissance des mauvaises herbes : « Le glyphosate inhibe une enzyme essentielle à la vie végétale et bloque ainsi la synthèse des acides aminés aromatiques au niveau de tous les organes de réserve (feuille, rhizome, bulbe). Privée de ces acides aminés qui participent à la synthèse des vitamines et de beaucoup de métabolites secondaires, la plante dépérit très rapidement. Le glyphosate affecte une enzyme que l'on trouve dans les plantes mais pas chez les humains ni chez les animaux de compagnie », peut-on lire dans la description du produit mise en ligne par son principal fabricant, la société Monsanto[37]. Ses premiers utilisateurs, les agriculteurs, sont unanimes quant à son efficacité. « L'arrivée du soja Résistant au Roundup a résolu tous nos problèmes, affirme Ajadir Machiavelli, ravi. Vous pouvez voir les champs propres, sans invasion, n'est-ce pas ? C'est grâce au glyphosate ». Plus de mauvaises herbes, et plus besoin de main d'œuvre pour les arracher. « C'est un coût en moins, et la possibilité aussi pour les agriculteurs de planter de façon plus dense », ajoute l'agriculteur. Comme on peut le voir dans le tableau ci-dessous, l'arrivée du soja OGM au début des années 2000 coïncide avec une augmentation considérable des rendements.

La croissance rapide du soja au Brésil (en million d'hectares)

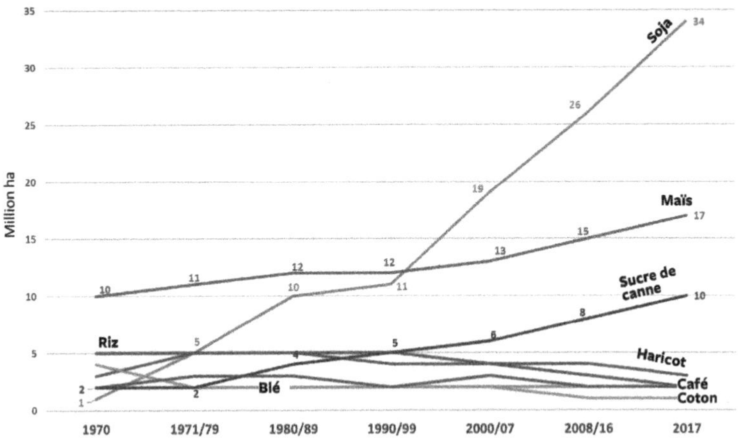

Source : La rapide croissance du soja au Brésil. A.J. Cattelan et A. Dall'Agnol. OCL (Oilseeds & fats Crops and Lipids) Volume 25. 2018

37. « Coupons l'herbe sous le pied à quelques idées reçues », Monsanto, 2010.

L'augmentation exponentielle du rendement des cultures de soja à partir des années 2000 (en kg/ha)

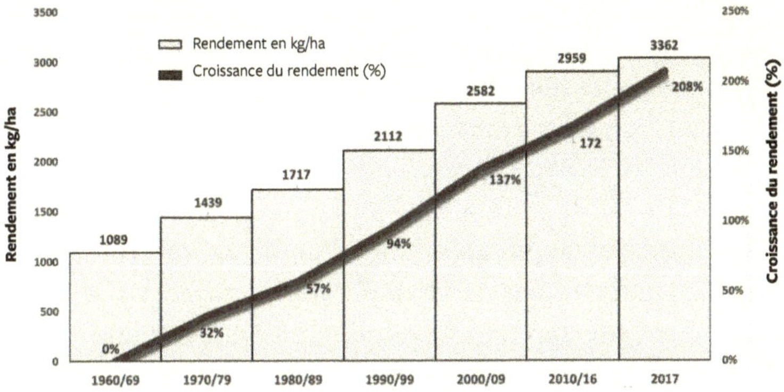

Source : « La rapide croissance du soja au Brésil », A.J. Cattelan et A. Dall'Agnol. OCL (Oilseeds & fats Crops and Lipids) Volume 25. 2018

L'arrivée de ce soja OGM a également très vite coïncidé avec une augmentation considérable de l'utilisation des herbicides à base de glyphosate.

Augmentation de l'utilisation des herbicides à base de glyphosate

Charles Benbrook est agronome. Il a été chercheur à l'Université d'État de Washington et a travaillé comme expert agricole à la maison blanche avant de créer son cabinet indépendant. Depuis l'avènement des OGM en 1996, le chercheur scrute la consommation de pesticides dans plusieurs pays utilisateurs de ces semences. Ce qu'il a montré dans plusieurs études, c'est que l'augmentation de la production de soja génétiquement modifié a entraîné une augmentation de l'utilisation des herbicides à base de glyphosate. Les États-Unis ayant longtemps été les premiers producteurs mondiaux de soja avant de se faire rattraper par le Brésil, le chercheur a étudié la production de soja américaine. Il s'est ainsi appuyé sur les données du Département de l'agriculture américain qui répertorient l'usage des pesticides année après année.

Avant l'apparition du soja OGM, explique Charles Benbrook, « les agriculteurs appliquaient du glyphosate avant la récolte », c'est-à-dire sur-le-champ sans les cultures, pour contrôler les mauvaises herbes présentes en début de saison, ou après la récolte pour nettoyer le champ. Alors qu'avec les semences génétiquement modifiées comme le soja Roundup Ready, « le glyphosate peut également être appliqué une à trois fois ou plus sur les champs, même après l'émergence de la culture, pour contrôler les mauvaises herbes, étant donné que le soja génétiquement modifié résiste aux épandages de glyphosate ». Ce chercheur conclut non seulement que le glyphosate a été appliqué sur un nombre croissant d'hectares, mais également que les agriculteurs ont progressivement dû augmenter la fréquence des applications, ainsi que le volume des doses. La raison ? Il leur faut désormais combattre les mauvaises herbes qui y sont moins sensibles. Plusieurs mauvaises herbes sont en effet devenues résistantes à cet herbicide au fur et à mesure des applications[38]. À travers ses études, Charles Benbrook a ainsi montré que l'utilisation du glyphosate a été multipliée par quinze depuis que les plantes résistantes au glyphosate ont été autorisées sur le marché américain en 1996[39]. Et que le soja OGM est devenu la culture qui utilise le plus d'herbicides à base de glyphosate.

---

38. https://www.courrierinternational.com/article/1999/07/01/Roundup-l-herbicide-le-plus-vendu-au-monde
39. C. M BENBROOK, « Trends in glyphosate herbicide use in the United States and globally », *Environmental Sciences Europe*, 2016.

Augmentation de l'utilisation de glyphosate et augmentation de la production de soja

Tendances dans la production de soja et l'utilisation du glyphosate aux États-Unis

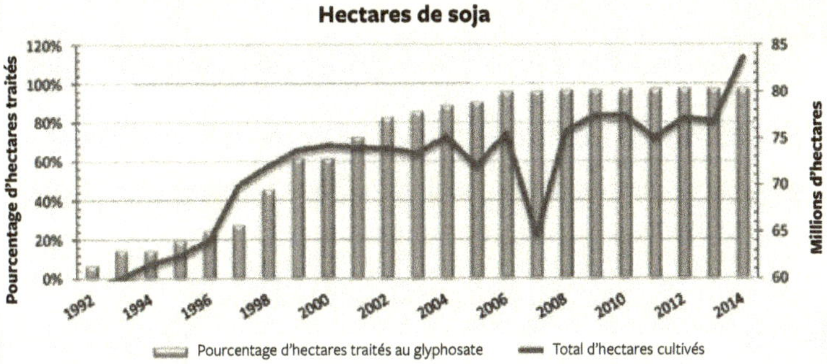

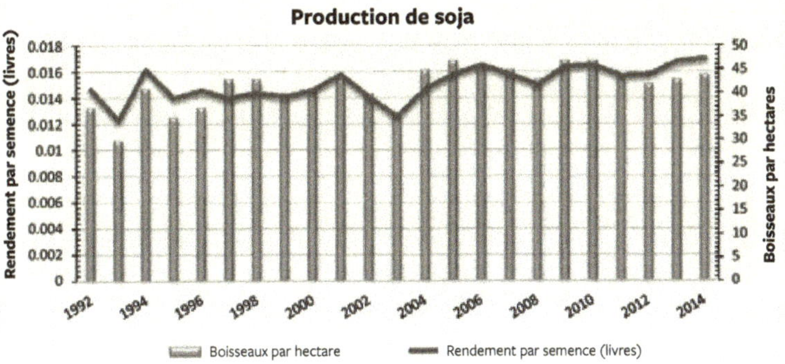

Dépendance au glyphosate de la production de soja

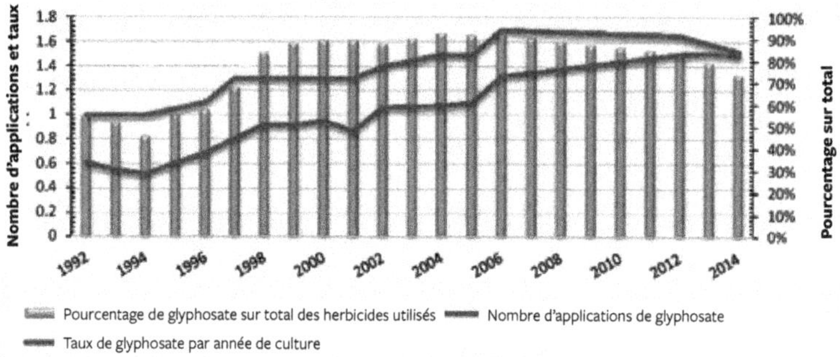

Utilisation totale d'herbicides sur le soja

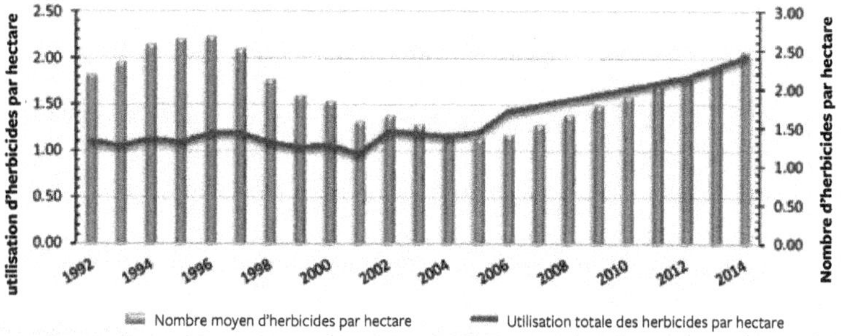

Source : C. M Benbrook, « Trends in glyphosate herbicide use in the United States and globally », *Environmental Sciences Europe*, 2016

Le soja est la culture qui utilise le plus de glyphosate globalement

Utilisation du glyphosate sur des cultures tolérantes aux herbicides et tous types de cultures

	2010	2011	2012
Coton	8,6	11,8	9,5
Amérique du Nord	5,64	6,99	6,32
Reste du monde	3	4,8	3,1
Maïs	47,7	65,6	70,2
Amérique du Nord	26,1	28,5	31,0
Reste du monde	21,63	37,1	39,2
Soja	**223,7**	**239,1**	**265,1**
Amérique du Nord	**41,9**	**42**	**43,6**
Reste du monde	**181,7**	**197,1**	**221,5**
Canola	13,7	16,5	18,6
Amérique du Nord	0,4	0,3	0,5
Reste du monde	13,3	16,2	18,1
Utilisation totale sur des cultures tolérantes aux herbicides	293,7	333	363,4
Utilisation totale sur toutes cultures	578,1	616,8	648,6
Pourcentage d'utilisation sur cultures tolérantes aux herbicides	51	54	56

Les données sont exprimées en millions de kilos de glyphosate (ingrédient actif)

Source : Service National des Statistiques Agricoles, Service International pour l'Acquisition des application des biotechnologies agricoles et Meyer et Cederburg (2010)

D'après Charles Benbrook, les taux de glyphosate utilisés en Argentine[40] et au Brésil[41] sont sensiblement plus élevés encore qu'aux États-Unis.

Le soja est la culture qui utilise le plus d'herbicides à base de glyphosate au Brésil

Utilisation d'herbicides (ingrédient actif, kg par hectare) dans les principales récoltes brésiliennes (2003-2008), Bortoletto et al. 2008

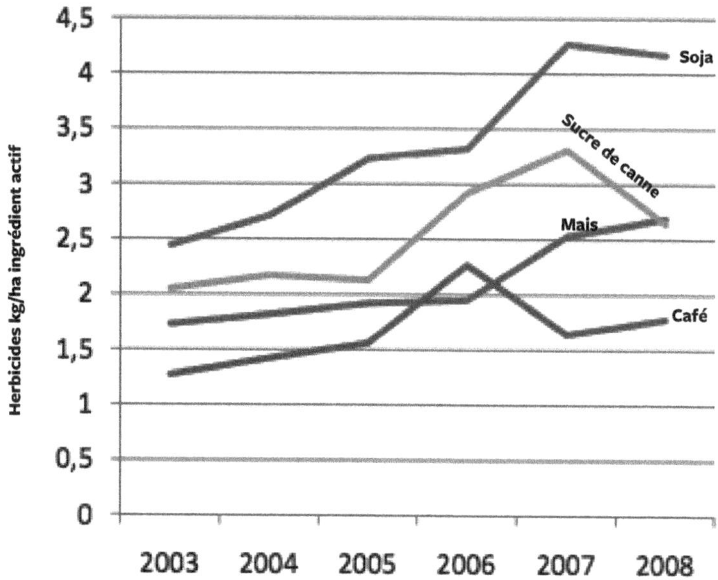

Source : « Pesticides use and glyphosate resistant weeds – a case study of Brazilian soybean production », D.E. Meyer. SIK-Rapport Nr 809. 2010

40. C. M Benbrook, « Rust, resistance, run down down soils, and rising costs – problems facing soybean producers in Argentina », Report, 2005.
41. D. Meyer, C. Cederberg, « Pesticide use and glyphosate – resistant weeds – a case study of Brazilian soybean production », Swedish institute for Food and Biotechnology, 2010.

Augmentation de l'utilisation d'herbicides à base de glyphosate avec l'arrivée des semences de soja génétiquement modifiées en Argentine.

Changements dans les profils d'utilisation des pesticides suite au développement croissant du semis direct et des plants de soja génétiquement modifiés pour être tolérants au Roundup (Roundup Ready) en Argentine, de 1996 à 2004.

	1996/1997	1999/2000	2002/2003	2003/2004
Surface cultivée				
Millions d'hectares de soja Roundup Ready	0,400	6,769	12,481	14,112
Glyphosate Utilisé				
Taux de traitement (en moyenne) de glyphosate (en kg /hectare)	1,14	1,2	1,26	1,30
Nombre de traitement en moyenne	1,8	2,3	2,36	2,5
Glyphosate utilisé pour le traitement du soja (en millions de kg)	0,82	18,68	37,11	45,86
Pourcentage total de glyphosate utilisé sur le soja	13,5%	63,8%	78,9%	69,9%
Autres herbicides utilisés sur les hectares de plantations Roundup Ready				
Pourcentage d'hectares de soja traité	2,0%	10,0%	35,0%	45,0%
Taux de traitement (en moyenne) (en kg/hectare)	0,30	0,40	0,60	0,65
Autres herbicides utilisés (en millions de kg)	0,002	0,27	2,62	4,13
Total des Herbicides sur les hectares de plantations Round up Ready				
Herbicides utilisés sur le soja (en millions de kg)	0,8	19,0	39,7	50,0

Source : BENBROOK CM. « Rust, resistance, run down down soils, and rising costs – problems facing soybean producers in Argentina », Report. 2005.

Le glyphosate fait désormais partie des herbicides les plus utilisés en Argentine, il s'agit de l'herbicide le plus utilisé sur le soja

Top 10 des herbicides vendus en Argentine en 2003 (litres de produit formulé)

	Concentration	Cultures principales	Ventes en 2003
Produits avec du glyphosate			
Glyphosate	48%	Soja	110 913 525
Glyphosate	74.8%	Soja	17 300 000
Glyphosate	62%	Soja	984 500
Glyphosate + Imazethapyr	24% + 2%	Soja	1 315 000
Atrazine	50%	Maïs	8 252 220
2,4 D-ester	100%	Soja, Maïs	5 239 645
Acetochlor	90%	Maïs	2 501 159
Acetochlor+Antidoto	84%	Maïs	2 130 770
S-metolachlor & Atrazine	96% + 90%	Maïs	1 456 000
Fluorcloridona	25%	Maïs	773 000
Total des produits herbicides du top 10			**150 865 819**
Part du glyphosate dans le top 10			**87%**

Dans un schéma très proche de celui des Etats-Unis d'Amérique, la vente d'herbicide représente environ les deux-tiers de la vente totale des pesticides en Argentine (CASAFE 2003). Le tableau ci-dessus donne un aperçu des quantités vendues des herbicides du top 10 en Argentine en 2003. Trois différentes concentrations de glyphosate sont dans le top 10, c'est à remarquer. En outre ce top 10 inclut également un mélange de glyphosate et d'imazethapyr. Les produits contenant du glyphosate représentent 87% de la quantité totale d'herbicides utilisés dans ces produits du top 10 en 2003. De plus, le glyphosate est pratiquement responsable de toute l'augmentation de la quantité de pesticides utilisés dans le pays depuis 1995.

Source : C.M. BENBROOK, « Rust, resistance, run down, run down soils, and rising costs – Problems facing soybean producers in Argentina », 2005

Pour de nombreux scientifiques, cette utilisation massive d'herbicides à base de glyphosate est responsable des maladies contractées par les populations qui vivent à côté des champs où ils sont épandus.

Rapport du gouvernement argentin, scientifiques, agence de recherche : tous pointent les herbicides à base de glyphosate

En 2010 en Argentine, dans l'État du Chaco, les récoltes de soja battent des records. Cette année-là, un rapport publié par le gouvernement argentin de l'État du Chaco fait état de malformations congénitales qui ont pratiquement quadruplé entre 2000 et 2009. Le rapport précise que l'apparition de ces malformations peut provenir de multiples facteurs et notamment des épandages de glyphosate[42].

La même année, plusieurs chercheurs argentins ont publié une étude qui abonde en ce sens. Elle montre que les herbicides à base de glyphosate causent des malformations chez les embryons de grenouilles. C'est le chercheur argentin Andrés Carrasco qui a décidé d'entreprendre une étude pour observer les effets de faibles doses de glyphosate sur le développement. Andrés Carrasco était professeur et directeur de recherches au Conseil national de recherches scientifiques et techniques (CONICET), l'équivalent argentin de notre Centre national de la recherche scientifique (CNRS). Jusqu'à son décès en 2014, il a dirigé le laboratoire d'embryologie moléculaire de l'Université de médecine de Buenos Aires. Alerté par le nombre de malformations constatées dans les régions agricoles, il a incubé

42. « Comision de Investigacion de Contaminantes del Agua de la provincia del chaco », février 2010.

des embryons de batraciens (Xenopus Laevis) à de faibles doses d'herbicides à base de glyphosate.

Ses travaux qui ont montré que de nombreux embryons de grenouilles traités étaient anormaux et malformés ont été publiés dans la très sérieuse revue scientifique *Chemical Research in Toxicology*[43]. Andrés Carrasco a également identifié le mécanisme à la base du phénomène : exposés aux pesticides, ces embryons synthétiseraient plus d'acide rétinoïque endogène, ce qui provoquerait ces malformations congénitales. Les embryons traités étaient « hautement anormaux, avec des altérations marquées du développement céphalique et de la crête neurale ». Des effets similaires – « une réduction des vésicules optiques et une microcéphalie » – ont été observés sur des embryons de poulet. Les doses utilisées dans cette étude étaient 50 à 1540 fois inférieures à celles épandues sur les cultures de soja transgéniques. À l'époque, André Carrasco a conclu qu'« on pourrait observer les mêmes résultats cliniques chez des enfants nés dans des populations exposées aux herbicides à base de glyphosate utilisés dans les champs agricoles ».

Quelques mois plus tard, le 21 mars 2011, Monsanto, l'inventeur de l'herbicide à base de glyphosate, ainsi que plusieurs autres entreprises qui en commercialisent comme Dow Chemical et Syngenta, ont rejeté les conclusions de cette étude en publiant une lettre dans la même revue scientifique[44]. « Le glyphosate n'a pas d'effets nocifs sur la reproduction des animaux adultes et ne cause pas de malformations chez la descendance

43. A.E. Carrasco, « Glyphosate-based herbicides produce teratogenic effects on vertebrates by impairing retinoic acid signalling », *Chemical research in toxicology*, 9 août 2010.

44. D. Saltmiras, Monsanto Company, J.S. Bus, The dow chemical company, S. Hill, Syngenta. « Letter to the editor regarding the article by Paganelli et al », *Chemical Research in Toxicology*, 21 mars 2011.

des animaux exposés au glyphosate, même à très fortes doses », ont-ils indiqué. Selon eux, l'équipe de Carrasco a utilisé des « modes d'exposition non pertinents et des doses anormalement élevées » de glyphosate. Ils ajoutent que l'innocuité du glyphosate a été largement prouvée : « de nombreuses études ont été menées à travers le monde sur les effets tératogènes (qui provoque des malformations) du glyphosate. [Toutes] ont démontrés que le glyphosate ne posait aucun problème grave ». Ils concluent que « les résultats de cette recherche ne peuvent être utilisés seuls pour tirer les conclusions exprimées dans cette publication. Toutes les données dont nous disposons appuient la conclusion corroborée par les experts des agences de réglementation à travers le monde que le glyphosate n'est pas toxique pour le développement des embryons ou la reproduction ».

Andrés Carrasco a obtenu de publier une réponse dans le même numéro de la revue[45], elle y figurait deux jours plus tard, soit le 23 mars 2011. « L'affirmation selon laquelle le glyphosate n'est pas tératogène et ne produit pas d'effets néfastes sur la reproduction est basée sur des études réalisées par l'industrie, comme le reconnaissent en effet les auteurs de la lettre », rétorque le professeur, qui ajoute : « la lettre illustre la tension croissante que l'on trouve aujourd'hui dans les dialogues entre les chercheurs qui ont un intérêt direct dans la vente des produits visés (ici les pesticides à base de glyphosate) et les chercheurs indépendants qui souhaitent tout simplement tester l'impact sanitaire de ces produits. Ces sociétés multinationales gèrent pratiquement tout le marché mondial des semences et des produits chimiques. Par conséquent, on ne peut en déduire que les recherches effectuées ou soutenues par de telles sociétés sont

45. A.E. Carrasco, CONICET, « Reply to the letter to the editor regarding our article », (Paganelli et al., 2010), *Chemical Research in Toxicology*, 23 mars 2011.

totalement objectives », écrit le chercheur indépendant, « le rejet de nos recherches et de celles d'autres chercheurs remonte au débat en cours sur le bisphénol A, où aucune étude financée par l'industrie n'a jamais révélé de conséquences néfastes liées à l'exposition au bisphénol A, alors que 90 % [...] des études non financées par l'industrie montrent des conséquences néfastes importantes de l'exposition au bisphénol A », poursuit-il.

J'ai contacté Bayer, le groupe pharmaceutique allemand qui a racheté Monsanto en 2018. Je voulais les interroger pour comprendre notamment sur quelles études ils s'appuient pour prouver que le produit n'est pas toxique et ne cause pas de malformations. Le groupe a refusé de m'accorder une interview en personne. Ils ont toutefois accepté de répondre à mes questions par mail : « Monsanto a réalisé les études requises pour l'approbation réglementaire. Il existe un vaste corpus de recherches approfondies sur le glyphosate et les herbicides à base de glyphosate de Bayer, incluant plus de 800 études rigoureuses soumises à l'EPA (l'Agence américaine de protection de l'environnement ndlr), à des régulateurs européens et à d'autres régulateurs dans le cadre du processus d'enregistrement, qui a confirmé l'innocuité de ces produits ».

Lorsque j'ai rencontré le producteur de soja brésilien Ajadir Machiavelli, qui ne jure que par le soja génétiquement modifié et le Roundup, je l'ai également questionné sur la possible dangerosité des produits qu'il épand, et en particulier de cet herbicide à base de glyphosate. « C'est un produit normal, rien de dangereux, assure l'agriculteur. D'après ce que j'ai compris, c'est moins toxique de boire un petit verre de glyphosate que de boire une tasse de café ou de fumer une cigarette. C'est ce qu'on dit ! » Je demande à nouveau : « Moins dangereux ? » « Oui, moins dangereux, c'est ce qu'ils disent (les fabricants du produit) ». Et il avoue – en riant – n'en avoir jamais bu.

Dans la fiche toxicologique consacrée au glyphosate de l'Institut national de recherche et de sécurité, l'INRS, un organisme de référence dans la prévention des risques professionnels en France[46], il est indiqué que l'ingestion volontaire ou accidentelle de produits à base de glyphosate entraîne des atteintes sévères pouvant être d'évolution fatale[47]. Plusieurs cas de suicides à base de glyphosate ont par ailleurs été rapportés[48].

Dès 1999, le glyphosate a été classé par le Bureau des produits chimiques européens comme une substance pouvant provoquer des lésions oculaires graves chez les hommes et comme une substance toxique pour les organismes aquatiques[49]. En 2007, le Bureau des produits chimiques européens est devenu l'ECHA, l'Agence européenne des produits chimiques, dont le rôle est de sécuriser leur usage. En 2017, l'ECHA a réaffirmé que le glyphosate est toxique pour les organismes aquatiques et qu'il peut provoquer des lésions oculaires graves chez les hommes. En 2015, le glyphosate a été classé par le CIRC, le Centre international de recherche sur le cancer qui dépend de l'Organisation mondiale de la santé (OMS), comme probablement cancérogène pour l'homme. Et génotoxique. Une substance dite génotoxique altère le génome des êtres vivants. Elle provoque des dommages à l'ADN et peut entraîner des malformations. Le CIRC a conclu au caractère génotoxique du glyphosate seul, mais aussi au caractère génotoxique des formulations commerciales à base de glyphosate comme le Roundup.

46. INRS. « Glyphosate », Fiche toxicologique n°273, février 2018.

47. Il montre aussi qu'une exposition aux préparations à base de glyphosate peut être irritante pour la peau et les muqueuses.

48. « Glyphosate », Pesticide action network international, Octobre 2016.

49. « Summary record of the meeting of the Commission Working Group on the Classification and Labelling of Dangerous Substances (pesticides) » held at ECB Ispra, Italy on 19-21 May 1999, document ECBI/43/99 Rev. 2 + on 17-19 November 1999, document ECBI/07/00 Rev. 3.

« LES PESTICIDES ÉPANDUS SUR LES CHAMPS DE SOJA ONT ALTÉRÉ LE GÉNOME DE MES ENFANTS »

Sabrina Ortiz, qui est partie du quartier de Villa Alicia dans la province de Buenos Aires en Argentine pour s'éloigner des épandages de pesticides qui ont causé selon elle les maladies contractées par sa famille, a fait des analyses pour savoir si son génome et celui de ses enfants ont été altérés. C'est une spécialiste des altérations de l'ADN humain par les pesticides, la chercheuse Delia Aiassa, qui a effectué les tests. Elle est titulaire d'un doctorat en sciences biologiques, professeure de cytogénétique et de toxicologie et chercheuse au département des sciences naturelles de l'Université nationale de Río Cuarto. Elle est également responsable du laboratoire de génétique et de mutagenèse environnementale de l'Université nationale de la province de Río Cuarto. La biologiste a commencé à réaliser des tests de génotoxicité en 2006 dans le cadre d'un projet de recherche subventionné par le gouvernement de la province de Cordoba. Dans cette province, les activités principales sont l'agriculture et l'élevage, et les quantités de substances chimiques utilisées sont très importantes. Ses travaux ont récemment permis aux parents du village de Dique Chico de démontrer que le génome de leurs enfants avait subi des modifications du fait de ces fumigations, ce qui a eu comme conséquence une interdiction d'épandage autour du village et de l'école rurale. « Les études de génotoxicité sur des populations humaines fournissent des informations pertinentes pour estimer le risque génétique d'exposition à un composé ou à des mélanges complexes de produits chimiques et constituent un système d'alerte précoce pour les maladies génétiques dans la progéniture, les problèmes de reproduction ou le cancer. Ils sont validés internationalement », explique la chercheuse. « On sait depuis longtemps qu'il existe une relation étroite entre les altérations de l'ADN des cellules cancéreuses et les maladies dégénératives chroniques. La présence d'un niveau élevé d'aberrations chromosomiques ou de micronoyaux est associée au risque accru de cancer dans plusieurs études européennes ». Pour procéder aux analyses de Sabrina Ortiz et sa famille, la médecin a donc réalisé des tests à court terme d'aberrations chromosomiques. « Les aberrations chromosomiques, ce sont une petite fraction des modifications que peuvent subir les chromosomes. Les cellules sont placées dans un champ électrique et, si elles ont été affectées par un agent génotoxique, leurs noyaux brisés se désagrègent et sont observées au microscope à fluorescence sous forme de « comètes » avec des longueurs de queue différentes, en fonction des dommages subis ». Plus les queues des « comètes » sont longues, plus les dégâts sont importants. C'est le cas pour Sabrina Ortiz et sa famille qui ont montré un plus grand nombre de cellules avec des dommages génétiques que la population de référence. La population de référence a un mode de vie similaire à celui des personnes exposées, mais ne vit pas dans des conditions environnementales d'exposition aux pesticides par voie respiratoire ou cutanée. Dans le cas de la famille Ortiz, « les résultats indiquent la présence de dommages génétiques accrus ».

Des examens supplémentaires réalisés par la famille Ortiz ont montré la présence de glyphosate dans leurs urines à des taux nettement supérieurs aux taux moyens retrouvés en France[50]. Les urines de Sabrina par exemple contenaient 4,10 ng/ml de résidus de glyphosate.

Pour la biologiste, les principaux responsables des dommages génétiques de cette famille sont les pesticides épandus dans les champs. « Pour la région du pays où ces personnes résident, l'exposition pourrait être principalement due aux pesticides utilisés dans les cultures de soja et de maïs. Glyphosate, atrazine, 2-4 D, cyper-

50. Voir p.83.

méthrine sont parmi les plus épandus ». Le pesticide le plus utilisé sur le soja OGM, le glyphosate, n'est certainement pas l'unique responsable, mais la biologiste ajoute : « Les résultats obtenus par le groupe de recherche indiquent que tant la substance active (le glyphosate ndlr) que la formulation commerciale (le Roundup par exemple ndlr) causent des dommages au matériel génétique des cellules humaines et des animaux de laboratoire ».

J'ai soumis les conclusions des analyses de Sabrina Ortiz et de sa famille à Bayer, le groupe allemand qui a racheté l'entreprise Monsanto, qui a toujours affirmé que son produit n'est pas génotoxique. Leur chargée de communication m'a répondu que « le poids des preuves provenant d'études menées sur le glyphosate ou sur des herbicides à base de glyphosate permet de conclure que le glyphosate n'est pas génotoxique, ne perturbe pas le système endocrinien ni ne nuit au développement ou à la reproduction ».

Cancérogène et génotoxique, la bataille des autorités de régulation et de santé autour du glyphosate

Depuis que la multinationale américaine Monsanto a commercialisé le glyphosate sous la marque Roundup en 1974, l'utilisation de cette molécule chimique a continuellement augmenté pour devenir aujourd'hui le pesticide le plus consommé au monde. Quand le brevet déposé par Monsanto est arrivé à échéance en 2000, d'autres marques ont développé des produits similaires et aujourd'hui, le glyphosate est présent dans plus de 750 produits désherbants au niveau mondial. Ils sont épandus sur les cultures de soja bien sûr, mais aussi de maïs, de coton, de riz ou de colza génétiquement modifiées. Si le glyphosate est utilisé massivement au Brésil, en Argentine et aux États-Unis, il est aussi utilisé sur les cultures en Europe et notamment en France. Comme indiqué précédemment, la culture du soja OGM est interdite dans l'Hexagone. Le glyphosate n'est donc pas appliqué directement sur les cultures qui, non OGM, seraient détruites si l'herbicide était appliqué directement sur elles. Il est donc utilisé à des doses plus faibles, notamment pour préparer le terrain à leur implantation. Le glyphosate permet ainsi aux agriculteurs de nettoyer les champs avant semis. Jusqu'à récemment il était aussi épandu dans les espaces verts et par les jardiniers amateurs en France[51]. En 2017, la Commission européenne a indiqué qu'il s'agit de l'herbicide « le plus fréquemment utilisé, à la fois dans le monde et dans l'Union européenne ». Les épandages de glyphosate n'ont cessé d'augmenter, passant de 3 200 tonnes en 1974 à 825 000 en 2014.

De par à la fois son importance dans l'économie agricole, et l'immense quantité de personnes exposées, sa toxicité a été évaluée par de nombreuses agences et les résultats font l'objet d'une vive controverse aujourd'hui.

Il est « improbable qu'il (le glyphosate ndlr) présente un danger cancérogène pour l'homme »[52], indique l'EFSA, l'Autorité européenne de sécurité sanitaire des aliments. C'est

51. 8 800 tonnes de glyphosate ont été vendues dans notre pays en 2017 selon le ministre de la transition écologique François de Rugy, contre 5 000 tonnes en 2001. D'après l'Agence nationale de sécurité sanitaire (ANSES), le glyphosate fait partie, avec le soufre, « des deux substances phyto-sanitaires les plus vendues ».

52. EFSA. « Conclusion on pesticide peer review. Conclusion on the peer review of the pesticide risk assessment of the active substance glyphosate », EFSA journal. 2015.

aussi l'avis de plusieurs autres agences sanitaires comme celle de la Nouvelle Zélande[53], de l'Australie[54] du Canada ou des États-Unis. Ces agences sanitaires, et particulièrement l'EFSA, s'appuient essentiellement sur les études fournies par les industriels, et donc non publiées dans des revues scientifiques et ainsi soumises à la revue par des pairs. Mais lorsque les études des industriels ne sont pas celles qui sont essentiellement prises en compte, les conclusions ne sont plus les mêmes.

En mars 2015, le Centre international de recherche pour le cancer (CIRC), l'agence de recherche sur le cancer qui dépend de l'Organisation mondiale de la santé (OMS), et qui s'appuie sur la littérature scientifique publique et disponible, et non uniquement sur les études des industriels pour donner son expertise, a donc conclu que le glyphosate est génotoxique, c'est-à-dire qu'il peut entraîner des dommages à l'ADN et provoquer des malformations. Elle l'a également classé parmi les substances « cancérogènes probables » pour l'homme[55]. L'agence indique que le niveau de preuve est limité chez l'homme mais suffisant chez les animaux. Les études épidémiologiques sont en effet peu nombreuses. Aujourd'hui, certaines montrent néanmoins une association positive entre l'exposition au glyphosate et l'apparition de lymphomes non hodgkiniens[56], un cancer qui se développe à partir des lymphocytes, les cellules du système immunitaire, et peut atteindre les ganglions et se propager, via

53. Environmental Protection Authority. « Review of the evidence relating to glyphosate and carcinogenicity », août 2016.
54. « Final regulatory position : Consideration of the evidence for a formal reconsideration of glyphosate », Australian Governement. Australian Pesticides and Veterinary Medicines Authority. March 2017.
55. « Glyphosate », IARC Monographs, 2015.
56. « Glyphosate », IARC Monographs, 2015.

le système lymphatique ou sanguin, à n'importe quel autre tissu ou organe, comme l'intestin, la peau ou le cerveau[57]. Une expertise collective de l'INSERM, l'Institut national de la santé et de la recherche médicale, publiée en 2013, montre également un risque d'apparition de lymphomes non hodgkinien suite à l'exposition aux pesticides et potentiellement au glyphosate et pointe aussi une possible activité génotoxique[58]. Le rapport du CIRC sur le glyphosate nous apprend également qu'en 1985, le glyphosate avait déjà été classé cancérogène lors de sa première évaluation par l'Agence de protection de l'environnement américaine (EPA)[59]. À l'époque, les experts américains ont signalé que les souris exposées au produit ont un risque accru de développer un cancer du tubule rénal, un élément du néphron, l'unité anatomique du rein où a lieu la filtration du sang[60]. Le CIRC a classé le glyphosate dans le groupe 2A, le dernier échelon avant le groupe 1, les substances considérées « cancérogènes certaines ».

La contre-attaque de Monsanto

Dès la publication de l'avis de CIRC en mars 2015, l'entreprise Monsanto a contre attaqué en faisant paraître un

57. Depuis 2015, en France, le lymphome non hodgkinien lié à une exposition aux pesticides est inscrit au tableau des maladies professionnelles des agriculteurs.
58. Pesticides : effets sur la santé. Rapport. Expertise collective. INSERM, 2013.
59. L'EPA a initialement classé le glyphosate dans le groupe C de sa classification toxicologique : « cancérogène possible pour les humains » puis D « non classable quant à sa cancérogénicité pour l'homme puis E « preuve de non-cancérogénicité pour l'homme », « cancérogène sans aucune preuve de cancérogénicité pour l'homme ».
60. Ce résultat a été considéré comme non-significatif quelques années plus tard par la même agence.

communiqué qualifiant le travail de l'agence internationale de recherche sur le cancer de « science pourrie » (junk science). La société Monsanto a également exigé de Margaret Chan, la directrice générale de l'OMS, instance dont dépend le CIRC, qu'elle fasse rectifier la classification du glyphosate[61]. En vain. L'entreprise rétorque à nouveau que plus de huit cents études scientifiques confirment l'innocuité de ses produits.

POURQUOI LES AVIS RENDUS PAR CERTAINES AGENCES NE SONT PAS LES MÊMES QUE CELUI DU *CIRC*?

Le CIRC et les agences nationales ou européennes n'ont pas les mêmes missions. Le CIRC évalue la dangerosité du glyphosate dans l'absolu. Les autres agences ont pris en compte notre exposition au produit. Et il existe également deux autres différences essentielles.

LES AGENCES N'ONT PAS ÉVALUÉ LES MÊMES PRODUITS

Dans le système européen d'homologation des pesticides, les substances actives (comme le glyphosate) sont autorisées au niveau communautaire, tandis que les produits formulés (les produits commercialisés, ceux qui contiennent des adjuvants destinés à potentialiser l'action des substances actives) sont évalués au niveau national. Le glyphosate peut donc être étudié de différentes manières : comme substance active seule ou en formulation commerciale avec des adjuvants, comme l'adjuvant appelé POE-tallowamine, ou polyoxyéthylène tallowamine, qui sert à améliorer l'absorption du glyphosate dans les membranes de la plante. Comme le rappelle l'agence européenne dans un document qui explique son évaluation

61. S. Foucart et S. Horel, « Monsanto papers : la bataille de l'information », *Le Monde*, 2 juin 2017.

des risques, « Le CIRC a étudié le glyphosate – la substance active concernée – mais aussi des formulations contenant du glyphosate et d'autres coformulants, regroupant ainsi dans son étude toutes les formulations, indépendamment de leur composition. Dans l'évaluation menée au niveau de l'UE, en revanche, les experts n'ont considéré que le glyphosate ». L'EFSA précise : « Bien que certaines études suggèrent que certaines formulations contenant notamment du glyphosate peuvent être génotoxiques (susceptibles d'endommager l'ADN), d'autres études, qui se penchent sur la substance active glyphosate, n'indiquent pas cet effet sur la santé. Il incombe ensuite aux États membres d'évaluer chaque produit phytopharmaceutique spécifique (chaque formulation) commercialisée sur leur territoire[62] ». Suite à l'avis du CIRC, l'ANSES, l'agence française, a d'abord conclu qu'une classification de « cancérogène avéré ou présumé pour l'être humain » ne peut pas être proposée. Mais le 20 juin 2016, elle a retiré les autorisations de mise sur le marché de 126 produits formulés qui associaient le glyphosate et son adjuvant le POE-tallowamine. « Des risques inacceptables, notamment pour la santé humaine, ne peuvent être exclus pour ces produits », a indiqué l'agence française. À forte dose, le POE-tallowamine est un co-formulant suspecté d'être responsable de cas d'empoisonnement chez les agriculteurs[63] ». Le 9 décembre 2019, l'ANSES a encore retiré 36 formulations à base de glyphosate. Ces 36 produits désormais interdits représentaient en 2018 entre la moitié et les trois quarts des tonnages de pesticides à base de glyphosate vendus en France. L'ANSES n'a pas réautorisé ces formulations sur le territoire car leurs fabricants n'ont pas fourni les données expérimentales suffisantes pour exclure ce fameux risque génotoxique.

62. « Glyphosate. L'évaluation des risques expliqués par l'EFSA », EFSA, 2015.
63. « Retrait des produits phytopharmaceutiques associant en coformulation glyphosate et POE-tallowamine du marché français », ANSES, juin 2016.

En 2017, à la suite de procédures judiciaires engagées aux États-Unis, le géant de l'agrochimie Monsanto a été contraint de rendre publics des milliers de données internes. Dans ces documents, qui seront appelés les Monsanto Papers, on peut lire de l'aveu même des scientifiques de la firme que ce sont les mélanges qui posent le plus de problèmes. Ainsi, en février 2001, un toxicologue de Monsanto écrit : « Si quelqu'un venait me trouver pour me dire qu'il voulait faire des études sur le Roundup (la formulation, c'est-à-dire le glyphosate et ses co-formulants ndlr), je sais quelle serait ma réaction : je serais très inquiet ».

Mail d'un employé de Monsanto qui révèle son inquiétude quant au fait de tester la formulation du Roundup

Message

From: FARMER, DONNA R [FND/1000] [/O=MONSANTO/OU=NA-1000-01/CN=RECIPIENTS/CN=180070]
Sent: 2/13/2001 7:09:03 PM
To: MARTENS, MARK A [AG/5045] [/O=MONSANTO/OU=EA-5040-01/cn=Recipients/cn=21606]; 'Larry Kier' [redacted]HEYDENS, WILLIAM F [FND/1000] [/O=MONSANTO/OU=NA-1000-01/CN=RECIPIENTS/CN=230737]
CC: GARNETT, RICHARD P [AG/5040] [/O=MONSANTO/OU=EA-5040-01/cn=Recipients/cn=107838]
Subject: RE: Position on Parry's recommendations

-----Original Message-----
From: MARTENS, MARK A [AG/5045]
Sent: Monday, February 12, 2001 8:34 AM
To: 'Larry Kier'; FARMER, DONNA R [FND/1000]; HEYDENS, WILLIAM F [FND/1000]
Cc: GARNETT, RICHARD P [AG/5040]
Subject: Position on Parry's recommendations
Importance: High

Dear all,

Further to our conference call of last week find herewith Parry's recommendations with suggestions for rebuttal, if possible:

In vitro cytogenetics data on glyphosate formulations - agree
The in-vitro CA tests on MON 59117 and MON 58121 can be used. These are surfactants and no glyphosate formulations. We can argue that results from components of mixtures can be used to assess the genotoxicity of the mixtures. The database on glyphosate should be sufficient to dismiss its role in the possible genotoxicity of formulations containing it.

In vitro micronucleus assay with and without antioxidants - why not use the MON 35050 study here as well. I still see no need to do these assays.....but if testing surfactant solutions get discussed then - let's include talk about laundry detergents, hand soap, dishwashing detergents, shampoos as well and not limit it to those used only in AG. People have significantly more exposure surfactant solutins used in those products then they would AG products. I don't know for sure how suppliers would react - but if somebody came to me and said they wanted to test Roundup I know how I would react - with serious concern. We have to really think about doing formulations even if they are not on the market....glyphosate is still in there and could get caught up in some false positive finding .
We can first ague that glyphosate is not genotoxic and that it is highly unlikely that it causes oxidative stress (is not metabolised with consumption of GSH for example), we can then refer to the negative micronucleus tests on glyphosate formulations and the negative in vitro CA test on glyphosate (NOTOX study). As a fall back position we can agree with some testing on either surfactant solutions (would suppliers agree with this?) or with glyphosate formulations which don't exist anymore on the market (e.g. MON 35050).

Source :
No : MONGLY00923065 Date : 2/12/2001 – 2/13/2001 Documents Released : 8/1/2017 https://www.baumhedlundlaw.com

Dans un autre document rendu public, l'une des scientifiques de Monsanto explique par courriel à l'un de ses collègues communicants : « Vous ne pouvez pas écrire que le Roundup n'est pas cancérogène, car nous n'avons pas fait les tests nécessaires pour le dire ». Les industriels ont eux aussi mené leurs études uniquement sur le glyphosate, la substance active.

L'AGENCE EUROPÉENNE S'APPUIE ESSENTIELLEMENT SUR LES ÉTUDES TRANSMISES PAR LES INDUSTRIELS

Une autre différence majeure et fondamentale entre les avis rendus par le CIRC et les autres agences réside dans les sources utilisées par chaque instance pour leur évaluation. Il faut savoir que ces agences, le CIRC tout comme les agences sanitaires nationales et l'agence européenne, ne réalisent pas leurs propres expériences quand elles rendent un avis sur une substance. Toutes les agences tiennent compte des études réalisées par les industriels dans leur évaluation, mais le CIRC prend également en compte les données publiques et les études publiées dans la littérature scientifique et donc préalablement soumises à la revue par des pairs. Ce qui signifie qu'un comité éditorial formé de chercheurs, jugés experts internationaux dans le domaine, a relu les études. Les agences nationales et l'agence européenne s'appuient sur les bilans réalisés par les industriels eux-mêmes qui sont généralement non publics pour cause de secret industriel et donc non soumis à la revue par les pairs. Lorsqu'ils souhaitent mettre un herbicide sur le marché, les industriels fournissent en effet un dossier d'homologation qui contient de nombreuses études et tests réglementaires qu'ils ont réalisés mais qui n'est jamais soumis au regard extérieur, la loi ne les y obligeant pas. Une étude publiée en janvier 2019 révèle qu'environ 70 % de la littérature scientifique sur la génotoxicité du glyphosate conclut qu'il est effectivement génotoxique, alors que

99 % des tests réglementaires des industriels démontrent qu'il ne l'est pas[64]. Après les incessants débats houleux sur le glyphosate, une commission d'enquête du Parlement européen sur le système d'autorisation des pesticides a conclu fin 2018 que désormais les études soumises par les industriels dans leur dossier d'homologation devront être rendues publiques[65]. Ce rapport propose également qu'à l'instar du CIRC, les instances de régulation comme l'EFSA accordent autant de poids aux études académiques, publiées et relues par des pairs, qu'à celles fournies par l'industrie. Ce qui n'est actuellement pas le cas. L'EFSA a d'ailleurs été épinglée pour avoir recopié des pans entiers du dossier transmis par les industriels sur le glyphosate, sans le citer. Un rapport commandité par des députés européens à des chasseurs de plagiats autrichiens associés à l'ONG Global 2000, rendu public en janvier 2019, a en effet montré que les chapitres-clés de l'évaluation scientifique du glyphosate rendue par le BFR, l'agence allemande commanditée par l'EFSA pour son évaluation, sont le fruit de plagiats à plus de 50 % et de copiés-collés à plus de 70 %[66]. C'est sur la base de cette évaluation préliminaire que l'EFSA a conclu qu'il est improbable que le glyphosate soit cancérogène pour l'homme, ouvrant ainsi la voie à sa ré-autorisation en Europe.

L'agence a récusé ces accusations de plagiat. Fin 2015, une centaine de toxicologues, biologistes et épidémiologistes se sont associés, d'abord pour écrire au commissaire européen à la santé,

64. C.M. Benbrook, « How did the US EPA and IARC reach diametrically opposed conclusions on the genotoxicity of glyphosate-based herbicides ? », *Environmental Sciences Europe*, 2019.
65. N. Lins, B. Staes, « Draft report on the Union's authorisation procedure for pesticides. European Parliament », 17.09.2018.
66. S. Weber, H. Burtscher-Schaden, « Detailed expert report on plagiarism and superordinated copy paste in the renewal assessment report (RAR) on glyphosate », 2019.

estimant l'avis de l'EFSA « trompeur » et fondé sur une démarche « scientifiquement inacceptable », puis pour rédiger un article publié dans la littérature scientifique dans lequel ils pointent là encore le fait que l'évaluation de l'EFSA sur le glyphosate s'appuie principalement sur les études des industriels. Ces scientifiques soutiennent l'avis du CIRC[67].

Le CIRC émet des avis qui ne sont pas coercitifs, c'est-à-dire que l'agence n'a pas le pouvoir d'interdire des substances qu'elle classe dangereuses pour la santé. Ce sont les États qui peuvent interdire.

Plusieurs pays ont décidé d'interdire le glyphosate

Si plusieurs études indépendantes avaient déjà suscité des inquiétudes quant à la dangerosité des herbicides à base de glyphosate, l'avis du CIRC publié en mars 2015 a conduit plusieurs pays à les proscrire. En octobre 2015, sept mois après la parution du rapport, le gouvernement sri lankais est le premier à interdire les importations de pesticides à base de glyphosate[68]. En avril 2019, le Vietnam les bannit lui aussi. En Europe, Malte sera le premier pays à proscrire les herbicides à base de glyphosate sur ses sols, en 2016. Suivront, la

67. C.J. Portier, « Differences in the carcinogenic evaluation of glyphosate between the international agency for research on cancer (IARC) and the European Food Safety Union (EFSA) », *Journal of epidemiology & community health*, 2016.
68. Dans le pays, un chercheur a également montré le lien entre l'augmentation de l'utilisation des herbicides à base de glyphosate et la multiplication des maladies chroniques rénales chez les riziculteurs. Suite aux pressions des organisations agricoles, le Sri Lanka en a toutefois à nouveau autorisé les importations en 2018, mais uniquement pour les plantations de thé et d'arbres à caoutchouc.

même année, l'Italie qui en a interdit l'usage dans les zones fréquentées par la population comme les parcs, les terrains de sport ou les aires de jeux pour enfants, et les Pays-Bas, où l'interdiction porte sur les revêtements et l'asphalte. Au sein de l'Union européenne, la question du renouvellement de l'autorisation du glyphosate pour 15 ans a suscité d'intenses débats. En novembre 2017, après de nombreux reports, son autorisation – basée sur le rapport en partie plagié de l'EFSA – a été renouvelée pour cinq ans seulement. 18 pays[69] ont soutenu la proposition, permettant tout juste d'atteindre le seuil de plus 65 % nécessaire pour atteindre une majorité qualifiée. La France a voté contre. À l'époque, le président Emmanuel Macron s'est engagé à interdire les herbicides à base de glyphosate en France : « dès que des alternatives auront été trouvées et au plus tard dans trois ans », soit d'ici 2021. Depuis le 1er janvier 2019, les particuliers français ne peuvent plus utiliser de Roundup pour tuer les mauvaises herbes dans leurs jardins. Mais certains produits sont toujours en vente, et les agriculteurs ont encore accès à certains de ces désherbants à base de glyphosate. En janvier 2019, lors d'un débat citoyen à Bourg-de-Péage dans la Drôme, le président Emmanuel Macron a finalement déclaré devant quelque 250 personnes que cette interdiction totale n'était pas « faisable ». Le débat a été relancé ce jour-là suite à l'annulation en justice d'une autorisation de mise sur le marché du Roundup Pro 360, un autre herbicide à base de glyphosate. « Je sais qu'il y en a qui voudraient qu'on interdise tout du jour au lendemain. Je vous dis : un, pas faisable, et ça tuerait notre agriculture. Et même en trois ans, on ne fera pas 100 %, on

69. Bulgarie, Allemagne, République tchèque, Danemark, Estonie, Irlande, Espagne, Lettonie, Lituanie, Hongrie, Pays-Bas, Pologne, Roumanie, Slovaquie, Slovénie, Finlande, Suède, Royaume-Uni.

n'y arrivera, je pense, pas », a déclaré le président Emmanuel Macron.

En Argentine et au Brésil, les autorités ne remettent pas en cause l'utilisation massive de glyphosate

Entre 1990 et 2015, la surface ensemencée de soja en Argentine a été multipliée par 4, passant de 16 % de la surface agricole (5,1 Mha) à 67 % (20,4 Mha)[70]. L'Argentine est ainsi devenue le troisième pays producteur de soja au monde. En 2014, l'agriculture représentait 51 % des exportations argentines, dont 28 % sont consacrées seulement au soja. La production de soja OGM, très dépendante des herbicides à base de glyphosate, est une importante source de devises pour l'Argentine. Dans le pays, il n'y a pas de législation nationale pour encadrer les épandages de pesticides. Localement, certains maires ont émis des arrêtés municipaux pour limiter ou mieux délimiter les épandages, mais ils sont minoritaires. Généralement, ces nouvelles règles sont contestées par les producteurs qui jugent ces herbicides indispensables. L'Argentine n'a vu l'apparition d'un ministère de l'Environnement et du Développement durable qu'en 2015. Ce n'est qu'en 2017 que le premier congrès national des phytosanitaires centré sur une utilisation responsable a été organisé en Amérique latine. Selon le ministère de l'Agro-industrie et les organismes techniques (CASAFE, AAPRESID) et de recherche (INTA), les risques pour les populations sont davantage liés au

70. « Le secteur agricole argentin », Trésor direction générale. Ministère de l'économie et des finances, 2016.

non-respect des bonnes pratiques agricoles qu'à la nature des produits utilisés[71].

EN ARGENTINE, QUELQUES ARRÊTÉS POUR LIMITER LES ÉPANDAGES

Lucas Lesgart est maire (centre-gauche) de la ville de Chabas dans la province de Santa Fe depuis 2015. Située dans le centre de la Pampa humide argentine, 300 000 des 360 000 hectares de ce district sont cultivables. Et 90 % sont des cultures de soja. Peu avant l'élection de Lucas Lesgart, le campement sanitaire de Damian Verzenassi est passé par là. Et les résultats ont montré, là encore, que la population est davantage malade que la moyenne nationale ; hyperthyroïdie, cancers, diabète, allergies ou encore asthme. Ce maire, qui est lui-même médecin, a été particulièrement sensible à cette étude de santé et a ainsi étendu les limites d'interdiction des épandages autour de sa ville. Il encourage également l'agro-écologie, une pratique agricole basée notamment sur la réduction de l'emploi des pesticides. « Nous ne sommes pas contre les producteurs de soja, mais ce que nous voulons, c'est protéger la santé des habitants, nous voulons que le modèle ne nous empoisonne pas. Car sans la santé, nous n'aurons rien du tout », explique Lucas Lesgart. Mais dans la majorité des villages argentins, les épandages de glyphosate, parfois très proches des écoles et des populations, continuent.

71. « Le modèle agro-industriel argentin dans la mondialisation », Analyse, Ministère de l'agriculture et de l'alimentation. Centre d'études et de prospective, septembre 2018.

En avril 2019, ces images d'enfants jonchés de plaies cutanées sur tout le corps, ont fait le tour des journaux argentins

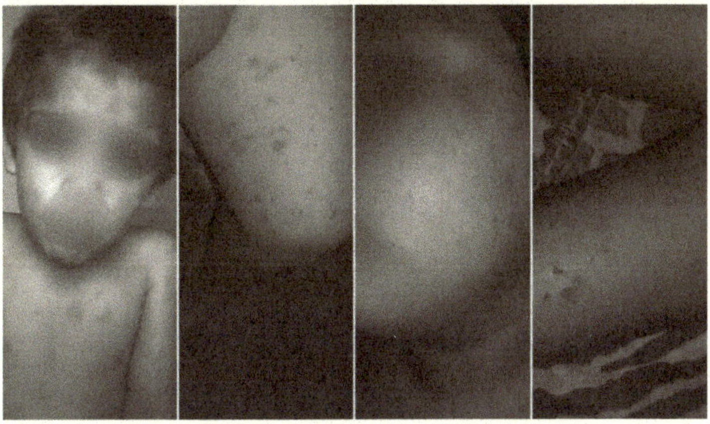

Les effets des produits agrochimiques sur la peau de certains enfants de Parchment

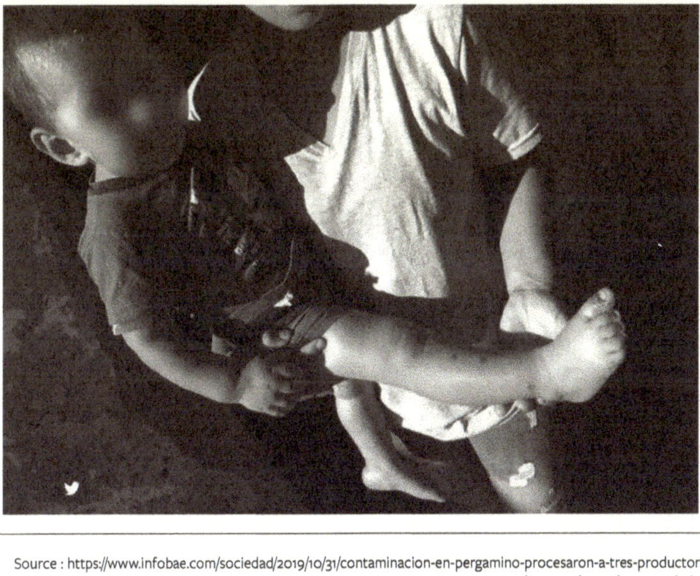

Source : https://www.infobae.com/sociedad/2019/10/31/contaminacion-en-pergamino-procesaron-a-tres-productores-rurales-por-el-uso-de-agroquimicos/

Ces enfants vivent dans la province de Buenos Aires, dans des quartiers proches de la ville de Pergamino. Certains vivent dans le quartier de Villa Alicia, celui-là même que Sabrina Ortiz a quitté en raison des nombreuses maladies contractées par sa famille (voir encadré p.150). Un rapport de la Cour suprême de justice a confirmé la présence de 18 substances toxiques dans les eaux courantes de la ville de Pergamino et les habitants accusent, ce rapport à l'appui, les pesticides épandus massivement sur les champs d'être responsables des plaies retrouvées sur le corps des enfants. Parmi les 18 substances toxiques dont fait état ce dernier, il y a du chlorpyrifos, du 2-4D et du glyphosate. Dans les trois quartiers de la ville, les épandages de pesticides ont été temporairement suspendus. « Des dispositions seront prises pour la suspension immédiate des produits contenant des pesticides, des herbicides, des insecticides et tout autre type de produit agrochimique, que ce soit par fumigation agricole contenant du glyphosate en tant qu'ingrédient actif ou des substances qui en dérivent », a annoncé le juge. Les services des eaux de la province de Buenos Aires ont rejeté les résultats des analyses[72]. Malgré cela, le 3 septembre 2019, la justice fédérale argentine a déclaré l'impossibilité d'épandre désormais à moins de 1 kilomètre des villes pour les fumigations terrestres et à moins de 3 kilomètres pour les fumigations aériennes. C'est une décision historique pour la province de Buenos Aires. Elle fait notamment suite à un rapport du docteur Delia Aissa sur la génotoxicité des produits chimiques épandus[73].

72.https://theworldnews.net/gb-news/young-children-left-covered-in-sores-after-drinking-contaminated-tap-water

73. N. Bernardi, D. Aissa, « Assessment of the level of damage to the genetic material of children exposed to pesticides in the province of Cordoba », *Archivos Argentinos de Pediatria*, 2014.

Au Brésil, la culture de soja a augmenté de façon exponentielle pour devenir la principale culture du pays. En 2017, le secteur agricole – et notamment la récolte de soja – a largement soutenu la hausse du PIB brésilien. Les années 2018 et 2019 ont même été des années record pour la production de soja au Brésil avec plus de 120 millions de tonnes de graines produites chaque année. Le pays est devenu le plus gros exportateur mondial devant les États-Unis. Le glyphosate y est toujours le pesticide le plus utilisé en 2019. En février cette année-là, l'agence brésilienne a conclu qu'il ne présentait pas de risques pour la santé humaine.

À l'autre bout du monde, plusieurs éleveurs qui donnent à leurs animaux ce soja génétiquement modifié imprégné de glyphosate et de nombreux autres pesticides s'inquiètent pourtant de l'apparition de maladies dans leurs élevages.

En Europe, des animaux malades

Au Danemark, depuis plusieurs années déjà, des éleveurs tiennent le soja et les pesticides qu'il contient responsables de maladies étranges, et parfois mortelles, que développent leurs animaux. Ces vingt dernières années, la totalité ou presque des élevages danois ont donné du soja génétiquement modifié à leurs bêtes.

À Pilegaarden, dans le nord du Danemark, Ib Pedersen arrache à la main les mauvaises herbes qui poussent à travers ses cultures de fraises. « Il n'y a pas de Roundup dans ce champ ! », lance l'agriculteur de 54 ans. Ib Perdersen est fils d'éleveurs, et il a lui-même tenu un élevage intensif de cochons pendant 19 ans. Comme la majorité des éleveurs danois, il a nourri ses bêtes avec du soja Roundup ready. Il en est persuadé, ce soja et plus particulièrement les résidus de glyphosate qu'il contient ont été la cause de nombreuses maladies dans son élevage. « J'ai perdu 25 % de mes cochons à cause de ça », affirme-t-il. En 2011, plusieurs de ses porcelets sont morts ou nés malformés. « Je vais vous montrer ! », insiste-t-il en m'emmenant vers une petite cuisine défraîchie qui jouxte son ancienne porcherie. À l'intérieur, un congélateur dans lequel il conserve précieusement les preuves de ses accusations : les porcelets nés morts ou malformés. « Voilà les restes de mon étude. Celui-ci a un gros ballon à la place du cerveau, celui-ci a une malformation au niveau de la colonne vertébrale. Et celui-là n'a qu'un oeil. Un oeil énorme et le nez comme une trompe d'éléphant ». La scène est effrayante.

L'éleveur me montre ensuite des vidéos. Ib Pedersen a filmé les porcelets de son élevage qui présentaient des malformations. Beaucoup de cochons visibles sur ces vidéos ne peuvent pas marcher. Tous présentent des handicaps physiques plus ou moins importants.

Porcelets nés malformés dans la ferme d'Ib Pedersen

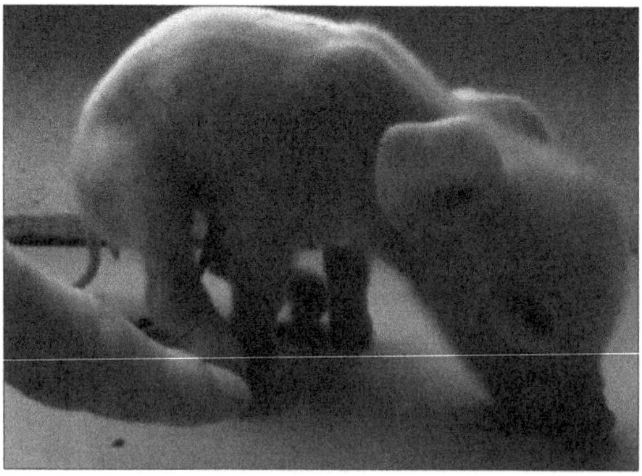

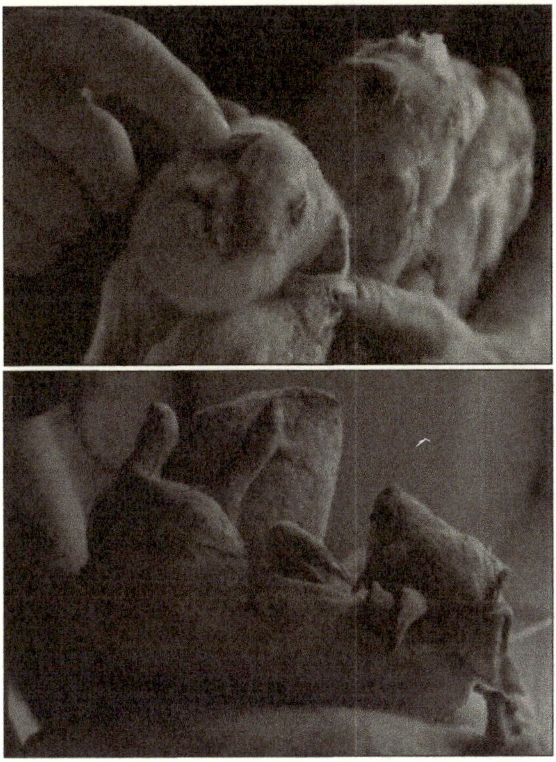

Source : Vidéo réalisée par Ib Pedersen / Soja, la grande invasion. France 5, KM, 2018

Devant ce constat, l'éleveur se renseigne. Il lit des études scientifiques sur le glyphosate et notamment celle du professeur argentin Andrés Carrasco qui montre que l'herbicide peut être responsable de malformations sur les embryons de batraciens. « J'ai la chance de comprendre l'anglais, alors j'ai pu me renseigner sur la question, ce qui n'est pas le cas de la majorité des éleveurs ». Persuadé, suite à ses lectures, que le soja qu'il utilise peut être responsable des malformations dans son élevage, il décide d'arrêter de donner du soja génétiquement modifié à ses animaux en avril 2011. Les malformations à la naissance diminuent, elles ont été divisées par cinq d'après le chercheur. Les diarrhées, symptômes immédiatement visibles, sont également moins fréquentes. Un an après l'arrêt du soja OGM, Ib Pedersen indique que l'usage d'antibiotiques dans son élevage a été divisé par trois. Il a également 1,8 porcs de plus par portée. La longévité des animaux augmente.

Dans le pays, il n'est pas le seul à mettre en cause l'alimentation à base de soja. Thornborn Thompsen, sa femme et leurs trois enfants vivent un peu plus au Nord, à Sindal. En 2013, leur ferme fait la Une des médias danois. En quelques mois, ils perdent près de cinq cents vaches. Cinq ans après le drame, quand Thornborn Thompsen ressort les journaux de l'époque qu'il a précieusement conservés dans l'armoire de la cuisine, il est encore très ému. « Ce sont les articles qui parlent du drame dans ma ferme. On avait des animaux morts tous les jours, parfois jusqu'à vingt en une seule journée. Je suis vraiment triste quand je revois ça », raconte-t-il. Le couple parle d'une hécatombe. De toute leur vie d'éleveurs, Thornborn et sa femme n'avaient jamais vu ça. « Elles ne pouvaient plus marcher », explique l'éleveur. Sa femme complète : « Elles étaient comme paralysées dans le dos, elles étaient toutes courbées, comme ankylosées ». Après ce drame, ces fermiers décident eux aussi d'arrêter de donner du soja génétiquement modifié à leurs animaux. « Depuis un an qu'on n'utilise plus de soja, depuis 2017, tout va mieux. Donc oui, je pense que les maladies qu'elles ont eues ont pu être déclenchées par le soja OGM qu'on leur donnait », déclare le père. Mais cet agriculteur ne connaîtra jamais la cause précise de la tragédie qui a touché son élevage. Car à l'époque, aucun test n'a été mené pour savoir si le soja contenait des résidus de Roundup ou de glyphosate. « On n'a pas testé le Roundup car à l'époque personne ne pensait que ça pouvait être le problème.

Aujourd'hui, je pense qu'on a été stupides de ne pas l'avoir fait. On aurait sûrement trouvé quelque chose ».

Ib Pedersen, l'éleveur dont les porcs naissaient malformés et mourraient en nombre, a lui eu la possibilité de réaliser des tests plus poussés. La nourriture de ses bêtes étant gérée par ordinateur, il a pu observer et mesurer précisément ce que chaque animal a ingurgité au fil des années. « Ce que j'ai découvert, c'est qu'avec des taux de glyphosate dans l'alimentation aussi faibles que 0,2 ppm[74], nous avions 5 fois plus de malformations à la naissance et 4 fois plus de fausses couches », affirme l'éleveur. 0,2 ppm (ou mg/kg) est un taux effectivement bas par rapport à la quantité maximale qui peut être contenue dans les aliments. Fixée par l'Union européenne, la limite maximale de résidus de glyphosate dans le soja est de 20 mg/kg [75]. C'est 100 fois plus que le taux le plus bas retrouvé par l'éleveur dans l'alimentation de ses porcelets.

LA QUANTITÉ DE RÉSIDUS DE GLYPHOSATE MAXIMALE AUTORISÉE DANS LE SOJA A AUGMENTÉ AVEC LES ANNÉES

La LMR est la « Limite maximale de résidus », de glyphosate par exemple, ou d'autres pesticides, établie pour la plupart des aliments par la Commission européenne. Si le taux de glyphosate retrouvé dans un aliment est supérieur à la LMR définie pour celui-ci, la commercialisation de la denrée n'est pas autorisée.

Voici par exemple certaines de ces LMR pour le glyphosate fixées par la *Commission européenne* pour une sélection d'aliments (en

74. Unité très utilisée en science pour exprimer une fraction massique. 1 ppm = 1 mg/kg.

75. Cette limite de 20ppm est partagée par l'Agence de protection environnementale américaine (EPA) et l'Organisation mondiale de la santé (OMS).

ppm ou mg/kg) : soja (20), tournesol (20), petits pois (10), lentilles (10), colza (10), maïs doux (3), thé (2), kiwi (0,1), café (0,1), houblon (0,1), muscle de bovin (0,05), oeufs de poules (0,05). Cette LMR peut donc varier grandement d'un aliment à l'autre, de 0,05 mg/kg pour des muscles de bovin à 20 mg/kg pour le soja. Une limite 400 fois plus élevée pour ce dernier. La *Commission européenne* indique que les LMR sont définies en tenant compte de la toxicité de la substance et de l'exposition quotidienne du consommateur. Mais plusieurs associations soutiennent que ces LMR ont été augmentées au gré de l'accroissement du commerce mondial des différentes cultures.

La limite de résidus de glyphosate pouvant être retrouvée dans le soja a été fixée par la Commission européenne à 20 mg/kg depuis 1996[76], au moment où le soja transgénique envahissait les champs. Avant 1996, aucune LMR pour le glyphosate dans le soja n'avait été définie au niveau européen. La Commission européenne me précise que certaines limites ont en revanche pu être définies par certains pays au niveau national. Avant 1997, la LMR américaine de glyphosate dans le soja était en effet de 5mg/kg. Elle est également passée à 20mg/kg à l'arrivée du soja transgénique.

Une étude, publiée en 2014 dans la revue scientifique *Food Chemistry*, a montré que les taux de résidus d'herbicides contenus dans les graines de soja génétiquement modifiées Roundup Ready sont importants, alors que le soja non-OGM n'en contient pas[77]. Pour le soja OGM, la moyenne de résidus retrouvés est de 11,9 ppm (ou mg/kg), avec une valeur maximale de 20,1ppm.

76. Council Directive 96/32/EC

77. T. Bohn, « Compositionnal differences in soybeans on the market : Glyphosate accumulates in Round up Ready GM soybeans », *Food Chemistry*, 2014.

Du glyphosate dans les viscères des animaux

Depuis 1963, l'Organisation mondiale de la santé (OMS) et l'Organisation des nations unies pour l'alimentation et l'agriculture (FAO) organisent chaque année le JMPR, Joint Meeting on Pesticides Residues, une réunion conjointe sur les résidus de pesticides. Elle a pour but d'harmoniser l'évaluation des risques. Dans son évaluation de 2005[78], une étude montre que des résidus de glyphosate et de son métabolite, l'AMPA, ont été retrouvés dans les viscères de porcs nourris avec des aliments contenant du glyphosate. Cette dernière montre jusqu'à 0,06 mg/kg de glyphosate dans les muscles des animaux, 0,72 mg/kg au niveau du foie et jusqu'à 9,1 mg/kg au niveau des reins de ces porcs. La limite maximale de résidus de glyphosate dans les muscles des animaux est de 0,05 mg/kg. Les taux retrouvés dépassent largement les LMR autorisées aujourd'hui. Depuis 1986, l'usage du glyphosate a explosé partout dans le monde, mais aucune autre étude de ce type plus récente n'a été intégrée à l'évaluation du JMPR.

Ib Pedersen a cherché à savoir si le glyphosate présent dans le soja qu'il donnait à ses animaux a pu être à l'origine des malformations de ses porcelets. En 2013, il les apporte alors à Monika Krüger, à l'université de Leipzig en Allemagne, afin que les niveaux de glyphosate présents dans l'organisme des animaux soient mesurés. Cette spécialiste des maladies infectieuses chez les animaux a été nommée professeure à l'Université de Leipzig en 1993 où elle fut chef de l'institut de bactériologie et mycologie jusqu'à sa retraite en avril 2014. Elle a analysé les

78. « Pesticides residues in food », FAO plant production and protection paper 183. World Health Organization, Food and agriculture organization of the United nations, 2005, p.142.

muscles, les poumons, le foie, les reins, le cerveau, la paroi intestinale et le coeur des cochons nés malformés d'Ib Pedersen. Ce que ses analyses ont révélé, c'est que tous les organes et tissus de ces porcelets contenaient du glyphosate en plus ou moins grande quantité. Les plus faibles ont été retrouvées dans les muscles, les plus élevées dans les poumons et le coeur des animaux. Jusqu'à 80 microgrammes par millilitre (0,8 ppm ou mg/kg) de résidus de glyphosate étaient présents[79]. Les muscles des porcs contenaient 0,006 ppm (ou mg/kg) de glyphosate et les reins et le foie respectivement 0,038 et 0,029 ppm (ou mg/kg).

Quantités de glyphosate retrouvées dans les porcs d'Ib Pedersen

	Minimum	Maximum
Poumon (N=38)	0,15	80
Foie (N=38)	0	29,25
Rein (N=38)	0,1	38
Muscles (N=38)	4,4	6,4
Cerveau (N=38)	0,4	19,7
Intestin (N=12)	0,7	7,7
Cœur (N=8)	0,4	80

Le glyphosate a été détecté avec le test ELISA et les données sont exprimées en µg/g.

Sources : MONIKA KRÜGER, « Detection of glyphosate in malformed piglets », *Journal of environmental & analytical toxicology*, 2014

Dans cette étude réalisée en 2014, les quantités de résidus de glyphosate sont toutes inférieures à la LMR autorisée. La professeure Monika Krüger conclut néanmoins que la présence de ces résidus de glyphosate peut être la cause des malforma-

79. M. Krüger, « Detection of glyphosate in malformed piglets. » *Journal of environmental & analytical toxicology*, 2014.

tions des porcelets de l'éleveur Ib Pedersen. Elle recommande la réalisation d'autres études pour le confirmer.

Ib Perdersen, l'ancien éleveur de porcs qui a arrêté l'élevage pour se reconvertir dans la culture de fraises biologiques, n'a pas attendu les résultats de cette étude pour se faire un avis. Pour lui, les conséquences sont mêmes bien plus graves. « On en a sur nos cultures (du glyphosate ndlr), dans la nourriture des animaux. Et, insiste-t-il, tout ce que nous mettons sur les champs, et notamment sur les plantes, vous pouvez être sûr d'en retrouver dans votre assiette. C'est une véritable catastrophe », déplore l'agriculteur.

Jusque-là, aucune agence sanitaire au monde n'avait jamais évalué le lien entre la présence de ces résidus de glyphosate et l'impact qu'ils pourraient avoir sur la santé des animaux. Ces derniers ingèrent pourtant des résidus de glyphosate depuis le début des années 90 au moins, avec l'apparition du soja et du maïs OGM sur lequel ces herbicides sont largement utilisés.

Une première enquête des autorités sanitaires danoises

Averti notamment par le lanceur d'alerte Ib Pedersen, le gouvernement danois a finalement mandaté des chercheurs pour étudier l'impact du glyphosate ingéré par les animaux en 2013. L'étude est encore en cours, mais son directeur des recherches, Martin Tang Sorensen, a accepté de me faire part de ses premières découvertes. Au coeur de l'Université d'Aarhus, au Centre national pour la nourriture et l'agriculture, je le retrouve dans sa ferme expérimentale, à côté de vaches nourries avec du soja en provenance d'Amérique latine. En commençant ses recherches, il a eu une révélation qu'il n'est pas allé chercher bien loin. « Pour le glyphosate, plusieurs brevets ont été déposés par les industriels, commence Martin Tang Sorensen. Des brevets qui sont publics, précise-t-il. Dans ce brevet, on peut lire qu'il affecte les microorganismes et qu'il se lie aux minéraux. » Il fait alors l'hypothèse que si le glyphosate prive les plantes de minéraux et qu'il affecte leurs microorganismes, il ne serait pas sans effet sur les animaux et sur les hommes. « Les animaux et nous-mêmes, nous avons des milliards de microorganismes dans notre système intestinal. Cela signifie que les bactéries présentes dans les intestins des animaux et des humains peuvent être affectées par le glyphosate qui pénètre dans le système par le biais du régime alimentaire. Il faut aussi examiner si le fait qu'il se lie aux minéraux peut affecter la santé des animaux ».

Martin Tang Sorensen est très étonné, scandalisé même, qu'aucune agence n'ait jamais évalué ces risques. « L'effet du glyphosate sur les microorganismes présents dans les intestins des animaux de ferme et des humains n'est pas inclus dans l'évaluation des risques liés au glyphosate. Tous les brevets sont publics donc les entreprises savent, les autorités savent, tous ceux qui veulent savoir y ont accès. Quand j'ai commencé mes recherches j'étais vraiment surpris que personne n'ait anticipé les effets de ce produit sur les animaux », regrette le chercheur.

En avril 2018, soit un mois après la diffusion de mon documentaire dans lequel Martin Tang Sorensen faisait état de ce manque de données[80], l'autorité européenne de sécurité sanitaire des aliments, l'EFSA, a publié une évaluation sur l'impact des résidus de glyphosate dans l'alimentation des

80. *Soja, la grande invasion*. France 5, KM, 2018.

animaux sur leur santé[81]. Sa conclusion : le glyphosate ne devrait pas avoir d'impact majeur sur la santé des animaux. L'agence a confié cette évaluation aux autorités sanitaires allemandes, le BFR, l'agence chargée de préparer l'avis européen sur l'évaluation du glyphosate en 2015. Le fameux avis dont les auteurs ont été accusés d'avoir plagié le rapport fourni par les industriels, et qui avait conclu qu'il est improbable que le glyphosate soit cancérogène. Pour cette nouvelle évaluation de l'impact des résidus de glyphosate dans l'alimentation des animaux sur leur santé, l'agence allemande indique avoir utilisé les conclusions de l'EFSA sur le glyphosate ainsi qu'une revue de la littérature conduite par l'agence, et les études réalisées par les industriels qui étaient disponibles. L'EFSA m'a notamment indiquée avoir demandé « aux entreprises concernées des données pertinentes relatives à la santé animale », notamment les entreprises autorisées à vendre des aliments pour animaux issus de plantes OGM sur le marché européen. Elle n'a commandé aucune étude indépendante sur la question.

Martin Tang Sorensen a pris connaissance de cette évaluation. Et pour lui, pas question d'arrêter ses recherches. Bien au contraire. Car, dit-il « les expériences qui étudient les effets potentiels des résidus de glyphosate dans l'alimentation sur le bétail sont rares ». Son étude, qui indiquera si le glyphosate peut affecter le microbiote et le statut minéral des animaux, et avoir des effets sur leur santé, doit se terminer en 2020[82].

81. « Evaluation of the impact of glyphosate and its residues in feed on animal health », EFSA, 24 avril 2018.
82. M. Tang Sorensen, H. Damgaard Poulsen, O. Hojberg, « Memorandum on The feeding of genetically modified glyphosate resistant soy products to livestock », 2014.

Quelles sont les conséquences pour nous, en bout de chaîne ?

Que devient le pesticide chez l'homme qui consomme l'animal qui a ingéré le soja ? En bout de chaîne, lorsque nous consommons les animaux ou les produits issus de ces animaux, comme le lait, la viande ou le fromage par exemple, ingérons-nous nous aussi des résidus de glyphosate et cela a-t-il un impact sur notre santé ?

J'ai décidé de me pencher sur celui qui est présent sur la table de chaque Français ou presque : le lait. J'ai d'abord contacté le ministère de l'agriculture pour savoir si, en France, la teneur en glyphosate dans le lait faisait l'objet d'analyses régulières. C'est la direction générale de l'alimentation (DGAL) qui se charge de la recherche de résidus de pesticides dans notre nourriture. Quand je les contacte pour la première fois en 2017, à ma grande surprise, j'ai appris que la France n'avait jusqu'ici jamais recherché la présence de glyphosate dans le lait[83]. D'autres pesticides sont recherchés dans le cadre de plans de surveillance et de contrôles, mais pas celui-ci.

Curieuse de savoir si oui ou non les laits que nous consommons contiennent du glyphosate, j'ai décidé d'en faire analyser[84]. J'ai choisi seize laits parmi les plus vendus en France : du lait entier, du lait écrémé, du demi-écrémé et du lait pour bébé. J'ai également fait tester un lait bio par curiosité, les éleveurs en agriculture biologique n'ayant pas le droit de

83. Pour la recherche plus générale de pesticides dans l'alimentation, les laits représentent 3 % seulement de l'ensemble des produits issus d'animaux analysés.
84. Aujourd'hui, en France, sur les emballages de la viande, du lait ou des oeufs, les industriels n'ont pas pour obligation de mentionner si leurs animaux ont été nourris avec du soja génétiquement modifié traité au glyphosate. Seuls ceux qui n'en utilisent pas peuvent indiquer « nourris sans OGM ».

nourrir leurs animaux avec du soja génétiquement modifié traité au glyphosate. J'ai envoyé les briques et les bouteilles de laits en Allemagne, au laboratoire d'analyses Biocheck, situé à Leipzig. C'est l'un des seuls laboratoires capables de détecter des taux de glyphosate, même très faibles. Résultat : tous les laits analysés contiennent des résidus de glyphosate.

Tous les laits analysés contiennent du glyphosate

Produits analysés	Glyphosate / ng/mL
Monoprix / lait entier stérilisé / UHT	2,69
Carrefour / lait de montagne entier / UHT	1,75
Lait de France	1,16
Envia / lait entier	1,52
Pâturages / lait entier	1,89
Délisse / lait entier	1,96
Lactel avec vitamine D / lait entier	2,06
Lactel avec vitamine D 0 % / M.G. écrémé	2,92
Candia grand lait / lait entier	3,05
Blédina blédilait croissance nature	1,38
Casino / Lait entier	1,37
Lactel 50 ans / demi-écrémé	1,96
Lactel / lait bio entier	1,55
Lait stérilisé UHT / demi-écrémé	1,62
Candia baby croissance 3	1,47
Auchan / lait entier collecté dans la vallée de la Loire	1,60

Analyses réalisées par le laboratoire Biocheck, 17 octobre 2017

Les taux vont de 1,16 ng/ml à 3,05 ng/ml. Le lait bio contient lui aussi 1,55 ng/ml de glyphosate. Contacté, l'industriel qui le produit l'explique ainsi : « Nous savons que le glyphosate, produit autorisé sur le territoire français, peut parfois se retrouver loin de la surface à laquelle il était destiné (eaux de ruissellement, vent). De fait, il est malheureusement possible de trouver des traces de cet herbicide dans des produits agricoles, même bios ».

J'ai ensuite contacté les autorités sanitaires pour savoir à quoi correspondent les taux retrouvés et s'ils sont dangereux pour notre santé. Elles m'ont renvoyé aux LMR, les limites maximales de résidus. La LMR de glyphosate dans le lait a été établie à 0,05 mg/kg. Pour pouvoir comparer cette LMR aux résultats de nos analyses, il faut convertir 0,05 mg/kg en ng/ml. 0,05 mg/kg est l'équivalent de 50 ng/ml. Le taux le plus important retrouvé dans les laits analysés étant de 3,05 ng/ml, les résultats sont inférieurs à la LMR qui sert de référence pour savoir si nous avons dépassé le seuil toxique.

L'entreprise Monsanto – aujourd'hui Bayer – ne manque pas de le rappeler sur son site internet : « Les niveaux parfois retrouvés dans les aliments sont incroyablement faibles et ne suscitent aucune inquiétude »[85], peut-on y lire. Mais ce n'est pas l'avis de certains spécialistes. Robert Barouki est médecin et directeur l'unité de toxicologie, pharmacologie et signalisation cellulaire à l'Institut national de la santé et de la recherche médicale (INSERM). Spécialiste des effets des polluants de l'environnement sur la santé humaine, il a coordonné plusieurs travaux français et européens sur l'environnement et la santé. Pour le chercheur, « ce qui est difficile à évaluer, c'est la toxicité à plus long terme ». Membre du COSPEC, le Comité d'orientation des expertises collectives de l'INSERM, le toxicologue a été choisi pour relire une expertise sur le glyphosate en cours au moment de l'écriture de ce livre. Le but de celle-ci est de faire une synthèse de l'ensemble de la littérature scientifique parue sur la toxicité du glyphosate depuis 2013, date de leur dernière expertise collective rendue sur le sujet qui avait déjà

85.https://www.bayer.com/en/glyphosate-impact-on-human-health-and-safety.aspx

pointé des risques[86]. « Que va-t-il se passer si on en consomme pendant 30 à 40 ans, sachant qu'il y en a partout ? », s'interroge le chercheur.

IL Y A DES RÉSIDUS DE GLYPHOSATE DANS DE NOMBREUX ALIMENTS

Dans son évaluation qui a classé le glyphosate « cancérogène probable » pour l'homme en 2015, le CIRC rappelle la forte exposition de la population mondiale à cet herbicide. En raison de son utilisation massive, le glyphosate peut être retrouvé dans les sols, dans l'air, dans les eaux de surface et souterraines et dans la nourriture. D'après le Centre international de recherche sur le cancer (CIRC), « l'exposition de la population se produit principalement par le biais de l'alimentation »[87].

Le rapport du JMPR (Joint Meeting on Pesticides Residues) de 2005[88] souligne, lui, que des résidus de glyphosate ont été retrouvés dans les oeufs des poules nourries avec une alimentation contenant des résidus de glyphosate[89]. Et les produits issus d'animaux ne sont pas les seuls concernés.

En 2017, l'association de défense de l'environnement Générations futures a réalisé une série d'analyses qui a révélé la présence de résidus de glyphosate dans des céréales du petit-déjeuner,

86. Voir p.185.
87. « Glyphosate », IARC Monograph, 2015.
88. La réunion conjointe sur les résidus de pesticides organisée par l'OMS et la FAO qui a pour but d'harmoniser l'évaluation des risques concernant les résidus de pesticides.
89. « Pesticides residues in food », FAO plant production and protection paper 183. World Health Organization, Food and agriculture organization of the United nations, 2005, p.142.

des légumineuses et des pâtes alimentaires commercialisées en France[90].

Analyses de l'association Générations futures qui ont révélé la présence de résidus de glyphosate dans des aliments vendus en France

	Résidus en mg/kg
Produits	Glyphosate
Muesli Alpen Swiss sans sucre 560g	0,067
Weetabix Original 95% blé complet 430g	0,04
Muesli Jordan country crisp céréales complètes fruits noix 500g	0,062
Country store Kellogs 750g	0,15
Lentilles vertes de France Vivien Paille 500g	0,13
Pois chiches St Éloi 500g	0,097
Haricots rouges Vivien Paille 500g	0,057
Lentilles blondes St éloi 500g	1,3
Lentilles vertes Vivien Paille 500g paquet souple	2,1
Linguine Garofaldo n°12 500g	0,053
Farfalle Garofaldo n°78 500g	0,039
Fruits et fibres Leader Price blé complet, fruits secs 500g	0,023
Lentilles blondes Leader Price 1kg import	0,79
Pois chiches Leader Price 1kg import	1,5
Granola flocons d'avoine grillés aux pommes Jordans 400g	0,31
All Bran fruit'n fibre Kellogs céréales blé complet 500g	0,087

Source : Données extraites du rapport Glypho 2. Résultats exclusifs de recherche de glyphosate dans des aliments vendus en France, Générations futures. 2017

Dans l'ensemble des analyses effectuées, les taux retrouvés sont inférieurs aux LMR, mais l'association alerte, invoquant le principe de précaution.

90. « Résultats exclusifs de recherche de glyphosate dans des aliments vendus en France », Générations futures, 2017.

L'effet cocktail, l'oublié des études

L'une des missions de l'EFSA, l'agence de régulation européenne, en plus d'évaluer la toxicité des pesticides, est de mesurer les quantités de résidus de pesticides et notamment de glyphosate contenues dans nos aliments. Sur les 84 657 échantillons analysés pour leur teneur en pesticides en 2016, le glyphosate n'a été recherché que dans 6 761 d'entre eux, soit 7,9 %[91]. Sur les 84 657 des échantillons testés, 3,8 % contenaient des taux de résidus de pesticides supérieurs aux LMR, les limites maximales de résidus autorisées, 45,5 % des aliments contenaient des taux de résidus de pesticides inférieurs à ces LMR et 50,7 % étaient en dessous de la limite de détection, donc ils n'en contenaient pour ainsi dire pas. Ce sont bien sûr ces 3,8 % qui inquiètent certains scientifiques, mais aussi les 45,5 % dont les taux sont inférieurs aux limites maximales de résidus autorisées. Ce qui les préoccupe : l'effet de ces molécules chimiques, même à de faibles doses, lorsqu'elles sont mélangées entre elles et que l'on en consomme pendant toute notre vie, le fameux « effet cocktail ».

Laurence Gamet-Payrastre est chercheuse à l'INRA, l'Institut national de la recherche agronomique, et spécialiste de l'impact sur la santé de ces cocktails de pesticides présents dans notre alimentation. En 2018, elle a publié une étude qui montrait pour la première fois l'impact d'un cocktail de pesticides donné à faible dose à des souris pendant un an. La quantité de chacun de ces pesticides correspondait à la dose quotidienne journalière admissible déterminée par les autorités de santé[92].

91. « The 2016 European union report on pesticide residues in food », EFSA, 2018.
92. L. Gamet-Payrastre, « Metabolic effects of a chronic dietary exposure to a low-dose pesticide cocktail in mice : sexual diphormism and role of the constitutive androstane receptor », *Environemental Health Perspectives*, 2018.

Une dose qui ne dépasse donc pas les LMR. « On a voulu voir si les faibles doses de pesticides données de façon chronique pendant toute la vie pouvaient avoir un impact sur la santé. Et oui ça en a eu un et même plusieurs ! ». L'étude montre que les mâles exposés au cocktail de pesticides prennent du poids et deviennent diabétiques. Chez les femelles, des perturbations hépatiques (stress oxydant) ont été observées, ainsi qu'une modification de l'activité du microbiote intestinal. Le cocktail de pesticides comprenait six pesticides utilisés sur les pommes commercialisées en France. Il ne contenait pas de glyphosate. Mais ce que cette étude questionne, c'est la DJA mise en place par les autorités sanitaires, la dose journalière admissible censée protéger les populations. « On a une DJA pour un pesticide, une autre DJA pour un autre pesticide, mais on n'a pas de DJA pour un cocktail de pesticides, explique Laurence Gamet-Payrastre. La question se pose de savoir comment gérer cette DJA quand on est face à un cocktail. C'est comme les médicaments, il y a des médicaments que vous ne pouvez pas avaler en même temps que d'autres parce qu'il y a incompatibilité, que ça ne va pas être bon pour vous. C'est pareil pour ces pesticides qui sont des composés biologiquement actifs ». Bien sûr, nous sommes exposés à d'autres cocktails de pesticides que celui utilisé dans cette étude, alors comment savoir si l'un d'entre eux est nocif pour notre santé ? « C'est impossible ! » se désole la chercheuse. En juillet 2019, son laboratoire de l'INRA a remporté un appel d'offres pour étudier l'impact sur la santé d'un cocktail de pesticides contenant du glyphosate donné à sa dose journalière admissible. « Depuis qu'il a été mis sur le marché, nous savons qu'il inhibe une voie de biosynthèse pour les organismes. Les modifications du microbiote sont associées à certaines pathologies. C'est ce que nous allons étudier chez l'animal dans le but de pouvoir conclure chez l'homme ». Les résultats de cette étude ne devraient pas être connus avant 2021.

Le glyphosate est également suspecté par de nombreux scientifiques d'être un perturbateur endocrinien et considéré par le CIRC comme une substance génotoxique. Or, un perturbateur endocrinien peut avoir des effets néfastes, même à faible dose. Tout comme un produit génotoxique. Pour ce dernier, il n'y a tout simplement pas de seuil en dessous duquel le produit est inoffensif. Pour Robert Barouki, « le point critique du glyphosate, c'est sa génotoxicité ». Le toxicologue de l'INSERM est catégorique : « si les études attendues montrent que le glyphosate est génotoxique, c'est très grave, car une seule mutation peut être dangereuse. Dans ce cas, aucune LMR ne peut nous protéger. Il faudra retirer immédiatement ce produit du marché ». Pour les produits génotoxiques, les autorités sanitaires ont en effet jusqu'ici considéré qu'il n'était pas possible de définir une dose sans effet. « Bien qu'il subsiste des lacunes dans la compréhension des mécanismes de génotoxicité et de cancérogénicité, par mesure conservatoire, il est généralement retenu dans la pratique d'évaluation du risque que l'exposition à une seule molécule génotoxique est capable de provoquer l'apparition d'une tumeur »[93], indiquent les autorités sanitaires françaises.

Alors que Monsanto nie depuis de nombreuses années le caractère génotoxique du glyphosate, les Monsanto papers déjà évoqués plus haut dévoilent des documents internes à l'entreprise qui montrent que les dirigeants étaient au courant du potentiel génotoxique du glyphosate depuis la fin des années 90. On peut y lire plusieurs échanges, sous forme de mails, entre

93. « Seuil de préoccupation toxicologique pour l'analyse de risque sanitaire des substances chimiques dans les aliments », AFSSA, mai 2005.

la société Monsanto et James Parry, un biologiste réputé à qui la société avait demandé un rapport détaillé sur plusieurs études indépendantes qui suggéraient, à l'époque, que le glyphosate est génotoxique et mutagène. « Je conclus que le glyphosate est un clastrogène (mutagène capable d'induire des aberrations chromosomiques ndlr) potentiel in vitro », peut-on lire dans le rapport du scientifique James Parry, qui conseille à la firme de mener des études supplémentaires.

Rapport commandité par la société Monsanto dans lequel le scientifique James Parry pointe la génotoxicité du glyphosate

EXHIBIT 5

Evaluation of the potential genotoxicity of Glyphosate,

Glyphosate mixtures and component surfactants

James M. Parry

Centre for Molecular Genetics and Toxicology

School of Biological Sciences

University of Wales Swansea

Swansea SA2 8PP, UK

Specific evaluation of the genotoxicity of glyphosate

On the basis of the study of Lioi *et al* (1998a and 1998b) I conclude that glyphosate is a potential clastogenic *in vitro*. The study of Bolognesi *et al* (1997) indicates that this clastogenic activity **may** be reproduced *in vivo* in somatic cells. However, the dominant lethal assay (of limited sensitivity) indicates that this genotoxic activity is not reproduced in germ cells. The work of Bolognesi *et al* (1997) and Lioi *et al* (1998a and 1998b) suggests that the genotoxicity observed may be derived from the generation of oxidative damage in the presence of glyphosate.

Figure 1

Profile of genotoxicity of Glyphosate

Bacteria	- ve
↓	
In vitro cytogenetics	+ ve
↓	
In vitro point mutation in mammalian cells	- ve
↓	
In vivo clastogenicity	2 – ve 1 + ve
↓	
Male germ cell dominant lethal	- ve
↓	
Drosophila sex-linked recessive lethal	?
↓	
Induction of oxidative damage *in vivo*	+ ve
↓	
Induction of single strand breaks *in vivo*	+ ve
↓	
Induction of DNA adducts *in vivo*	- ve

My overall view is that if the reported genotoxicity of glyphosate and glyphosate formulations can be shown to be due to the production of oxidative damage then a case could be made that any genetic damage would be thresholded. Such genetic damage would only be biologically relevant under conditions of compromised antioxidant status. If such an oxidative damage mechanism is proved then it may be necessary to consider the possibility of susceptible groups within the human population.

If the genotoxic activity of glyphosate and its formulations is confirmed it would be advisable to determine whether there are exposed individuals and groups within the human population. If such individuals can be identified then the extent of exposure should be determined and their lymphocytes analysed for the presence of chromosome aberrations. In such populations micronucleus studies would probably only be of value in aspleenic individuals.

Source : No : MONGLY01314233 – MONGLY01314270 Date : 8/1999
Documents Released : 3/15/2017 https://www.baumhedlundlaw.com

Je conclus que le glyphosate est un clastrogène (mutagène capable d'induire des aberrations chromosomiques ndlr) potentiel in vitro.

Dès 1999, ce médecin informe donc Monsanto du caractère génotoxique du glyphosate et recommande des études plus poussées sur les effets des formulations, comme le Roundup. Loin d'être rassurant, il ajoute : « si l'activité génotoxique du glyphosate est confirmée, il serait souhaitable de déterminer s'il existe des individus et des groupes exposés dans la population ». Toujours dans ces Monsanto papers, William Heydens, un toxicologue salarié de la firme, écrit : « Nous n'allons tout simplement pas mener les recherches suggérées par Parry », avant de préciser, sur la génotoxicité : « Nous sommes toujours très vulnérables dans ce domaine ». On peut également y lire « Selon moi Parry n'est pas notre homme et il faudrait un certain temps, pas mal de dollars et d'études qu'il le devienne ».

Mail de William Heydens, toxicologue de Monsanto : « Nous ne ferons simplement pas les études proposées par Parry »

EXHIBIT 7

Message

From:	HEYDENS, WILLIAM F [FND/1000] [/O=MONSANTO/OU=NA-1000-01/CN=RECIPIENTS/CN=230737]
Sent:	9/16/1999 6:18:36 PM
To:	MARTENS, MARK A [FND/5045] [/O=MONSANTO/OU=EA-5040-01/CN=RECIPIENTS/CN=21606]; 'KIER, LARRY D [NCP/1000]' [/O=MONSANTO/OU=GLB-STL/CN=LEGACY ADDRESSES/CN=33322]; 'FARMER, DONNA R [FND/1000]' [/O=MONSANTO/OU=GLB-STL/CN=LEGACY ADDRESSES/CN=180070]
CC:	'HEYDENS, WILLIAM F [FND/1000]' [/O=MONSANTO/OU=GLB-STL/CN=LEGACY ADDRESSES/CN=230737]
Subject:	RE: Parry report

Mark, All,

I have read the report and agree with the comments - there are various things that can be done to improve the report.

However, let's step back and look at what we are really trying to achieve here. We want to find/develop someone who is comfortable with the genetox profile of glyphosate/Roundup and who can be influential with regulators and Scientific Outreach operations when genetox. issues arise. My read is that Parry is not currently such a person, and it would take quite some time and $$$/studies to get him there. We simply aren't going to do the studies Parry suggests. Mark, do you think Parry can become a strong advocate without doing this work Parry? If not, we should ***seriously*** start looking for one or more other individuals to work with. Even if we think we can eventually bring Parry around closer to where we need him, we should be currently looking for a second/back-up genetox. supporter. We have not made much progress and are currently very vulnerable in this area. We have time to fix that, but only if we make this a high priority now.

Bill

Source : No : MONGLY03734971 Date : 9/16/1999 Documents Released : 3/15/2017 https://www.baumhedlundlaw.com

Cher Mark, Chers Tous,

J'ai lu le rapport et je suis d'accord avec les commentaires : il y a plusieurs choses à faire pour améliorer ce rapport.

Cependant, prenons du recul et reconsidérons ce que nous essayons d'accomplir, en réalité, dans cette entreprise. Nous voulons trouver/former quelqu'un qui serait familier des questions de profil génétique du glyphosate/Roundup et qui pourrait influencer les régulateurs et les opérations de sensibilisation scientifiques lorsque les questions se posent sur genetox. Selon moi Parry n'est pas notre homme pour l'instant et il faudrait un certain temps, pas mal de dollars et d'études pour qu'il le devienne. Nous n'allons tout simplement pas mener les recherches suggérées par Parry. Mark, est-ce que tu crois que Parry pourrait être un porte-parole de poids sans faire ces travaux ? Dans le cas contraire, il faut qu'on se mette sérieusement en recherche d'une ou plusieurs personnes avec lesquelles travailler. Même si on pense que l'on pourrait finalement faire se ranger Parry à ce que nous voulons, on devrait déjà rechercher un pro genetox en cas de besoin, sinon ça en fera un deuxième. Nous n'avons pas beaucoup avancé et nous sommes toujours très vulnérables dans ce domaine. Nous avons le temps d'y remédier mais seulement si nous en faisons une priorité à partir de maintenant. Bill

James Parry, décédé en 2010, n'a plus jamais travaillé pour la firme. J'ai à nouveau sollicité la société Bayer à propos de cet échange. Voici sa réponse : « Monsanto a mené des études supplémentaires, comme suggéré par le scientifique (Dr. Parry). Les résultats des études complémentaires de Monsanto ont été publiés dans le *Journal of Agricultural and Food Chemistry* et soumis à la US Environmental Protection Agency (l'agence américaine de protection de l'environnement, l'EPA, ndlr). Suite à cette analyse supplémentaire, le Dr Parry a alors pleinement convenu avec Monsanto que les effets génotoxiques dont il avait fait l'hypothèse étaient artificiels et ne correspondaient pas aux conditions réelles (d'utilisation ou d'exposition) ».

Le lobbying de l'industrie

Les Monsanto Papers ont également révélé que des consultants extérieurs ont été payés par la firme pour écrire des études qui vont dans leur sens. « Monsanto a utilisé toutes les techniques classiques de lobbying, sauf que parfois, ces pratiques n'étaient pas été très éthiques », avoue une ancienne lobbyiste qui a travaillé pour la Glyphosate Task Force, un regroupement d'entreprises qui commercialisent des herbicides à base de glyphosate, dont Monsanto, réunies dans le but de renouveler l'autorisation du glyphosate en Europe. Parmi les pratiques jugées « non éthiques » par cette lobbyiste, « il y a eu la création de faux groupes d'agriculteurs pro-glyphosate ». Un lobby de la société Monsanto, l'entreprise Red Flag Consulting, a en effet créé le groupe français « agriculture et liberté ». Ses participants, des lobbyistes, se faisaient passer pour des agriculteurs.

LA CRÉATION DE GROUPES DE FAUX AGRICULTEURS OU « ASTROTURFING », L'EXEMPLE D'UNE MANIPULATION DE MONSANTO

Le nom donné à cette pratique de lobbying, « astroturfing », fait référence à une marque américaine de gazon artificiel : Astroturf. Aux États-Unis, les mouvements citoyens étant comparés à de l'herbe qui pousse naturellement, quand ceux-ci sont fabriqués, on parle d'astroturfing ou « faux gazon ». Pendant environ un an et demi, entre 2017 et 2019, le géant des pesticides a ainsi fait croire à l'émergence de groupements spontanés d'agriculteurs engagés dans la défense du glyphosate. Un lobby de la société Monsanto, l'entreprise Red Flag Consulting, a en effet créé des groupements de « faux » agriculteurs. En faisant par exemple remplir à des vrais agriculteurs des formulaires sur les stands de salons, sans jamais mentionner Monsanto, et en empruntant ainsi leurs vrais noms, Monsanto s'est assuré une bonne presse en France, mais aussi en Italie ou en Angleterre pendant environ un an et demi. En France, le groupement s'appelait « Agriculture et liberté ». Il se définissait ainsi : « Nous sommes un groupe d'agriculteurs français unis pour protéger notre mode de vie et nos moyens de subsistance ». La société Bayer qui a racheté Monsanto nie avoir participé à l'émergence de « faux agriculteurs » pour défendre le glyphosate. Sauf que plusieurs médias, dont le quotidien britannique The Independent et le magazine Envoyé Spécial diffusé sur France 2, ont montré l'inverse. En effet, les tribunes signées par ces agriculteurs – quand elles n'étaient pas signées par erreur par la chargée de communication de l'entreprise de lobbying comme l'a révélé l'émission Envoyé Spécial – étaient quasi intégralement écrites par Red Flag Consulting, les agriculteurs n'ayant plus qu'à indiquer leur âge et leur consommation de glyphosate. Selon le registre de transparence de l'Union européenne, Monsanto a versé entre

100 et 200 000 euros à Red Flag Consulting en 2017 puis 2018. Le projet « Agriculture et liberté » est aujourd'hui suspendu.

« Ensuite, comme tout cabinet de lobbying, on développait des argumentaires qu'on diffusait aux politiques », explique l'ancienne lobbyiste. Toujours pour présenter le glyphosate comme un herbicide inoffensif. « Il y avait un argument que je trouvais vraiment de mauvaise foi. Celui qui disait que le classement du CIRC (qui a classé le glyphosate « cancérogène probable » en 2015 ndlr) n'était pas inquiétant outre mesure car la viande rouge, le maté, les produits pour la coiffure ou encore l'eau font partie des substances classées cancérogènes par l'agence. Alors oui, peut-être que si on boit 40 litres d'eau chaude, on peut avoir le cancer, mais j'ai toujours trouvé cet argument risible et de mauvaise foi. C'est une manière de détourner l'attention. Dans toutes les industries chimiques la stratégie est la même : d'abord tu détournes le feu, ensuite tu maintiens que c'est la dose qui fait le poison. Puis il faut aussi créer le doute, c'est la base. Par exemple, si une nouvelle étude montre que le glyphosate peut être dangereux, on va remettre en question les animaux utilisés, la technique d'analyse, le fait que l'étude a été menée sur des rats et non sur des hommes. Sauf que bien sûr, mener une étude sur des hommes – et donc leur faire ingérer des quantités considérables de glyphosate – est impossible. Mais ça permet de semer le doute ». Et de gagner du temps.

QUAND MONSANTO « OUBLIE » DE TRANSMETTRE AUX AUTORITÉS SANITAIRES UNE ÉTUDE QUI PROUVE LA PRÉSENCE DE RÉSIDUS DE GLYPHOSATE DANS LE LAIT.

J'ai transmis les résultats de mes analyses à l'entreprise qui a pour la première fois mis le Roundup, cet herbicide dont la matière active est le glyphosate, sur le marché : Monsanto, aujourd'hui Bayer[94]. Je leur ai demandé si nous devions nous inquiéter des résidus retrouvés et sinon, s'ils pouvaient me donner la preuve de leur innocuité. L'agence de communication a balayé ma question d'un revers de la main : « Aucune étude reposant sur une méthode d'analyse validée n'a jamais trouvé de taux détectables de glyphosate dans le lait, ont-ils répondu. Les seuls cas signalés de glyphosate détectable dans le lait proviennent d'études reposant sur une méthode ELISA connue pour ses résultats peu fiables ». Un test ELISA (dosage d'immunoabsorption par enzyme liée) est une méthode qui se sert de la spécificité des anticorps pour détecter des molécules. Les tests Elisa sont très utilisés, ils permettent notamment une détection rapide des quantités de pesticides comme le glyphosate. Nos analyses ont effectivement été réalisées via la méthode Elisa. À la lecture de la réponse de la firme qui m'a indiqué que la méthode Elisa était « connue pour ses résultats peu fiables », je me suis questionnée. J'ai recontacté la Direction générale de l'alimentation (DGAL). L'agence qui n'avait jusqu'ici jamais recherché la présence de glyposate dans le lait m'annonce d'abord qu'elle a ajouté cet herbicide à la liste des substances recherchées en 2019. Elle me précise alors que les méthodes de détection sont actuellement... en cours de développement ! « Ce plan étant nouveau, les méthodes de dosage du glyphosate et de ses métabolites sont en cours de développement au Laboratoire National de Référence (LNR) pour

94. Le groupe allemand Bayer a racheté l'entreprise Monsanto en 2018.

l'analyse des résidus de pesticides selon des méthodes monorésidus ». La technique de détection étant en cours de développement en 2019, il aurait été difficile d'exiger du laboratoire une méthode de détection officielle qui n'existait pas en 2017. D'autres méthodes existent pour rechercher la présence de glyphosate, comme la chromatographie par exemple, plus coûteuse, mais elle n'invalide pas la méthode Elisa, bien au contraire. Une étude de 2014 qui compare les deux techniques montre de bons niveaux de corrélation[95].

La réponse de l'agence de communication de Bayer / Monsanto, m'a d'autant plus surprise que, parmi toutes les études scientifiques que j'ai pu lire pendant cette enquête, il y en a pourtant bien une qui a montré la présence de résidus de glyphosate dans le lait des vaches nourries avec du soja génétiquement modifié. Elle a été commanditée par la société Monsanto elle-même! Dès le début des années 70. C'est Anthony Samsel, un chercheur américain, qui l'a porté à ma connaisance. Anthony Samsel est le premier chercheur indépendant à avoir pu examiner les études de toxicologie jamais dévoilées au public de la société Monsanto, le fabricant du Roundup. Il les a obtenues en faisant la demande auprès de l'agence fédérale américaine en 2014 grâce à une une procédure possible aux États-Unis, inscrite dans le Freedom of Information Act : le droit au public d'accéder aux données des agences fédérales. Il a reçu plusieurs centaines de pages d'études et de rapports sur le glyphosate, et notamment le dossier d'autorisation de commercialisation du Roundup transmis par Monsanto à l'agence de protection de l'environnement américaine, l'EPA. Il contient les études qu'a fournies l'entreprise aux

95. Krüger M. « Detections of glyphosate residus in animal and humans », *Journal of Environmental and Analytical Toxicology*, 2014.

autorités sanitaires. « L'étude la plus importante que Monsanto ait faite sur le glyphosate dans le lait date d'octobre 1973 et les résidus qu'ils ont trouvé dans le lait étaient compris entre 9 et 15 ng/ml »[96]. Soit trois fois plus que dans les résultats de nos analyses.

L'entreprise a utilisé une méthode d'analyse appelée LSC (Liquid Scintillation Counting). Ce n'est pas la plus commune, mais c'est une méthode « valide, largement utilisée dans la recherche », d'après Anthony Samsel. D'après ce scientifique, la société Monsanto a toujours minimisé la présence de ces résidus dans nos aliments et leur impact sur notre santé. « Monsanto a toujours dit aux autorités qu'il n'y avait pas de problème. Et officiellement, Monsanto a toujours affirmé que le glyphosate ne pouvait pas être retrouvé dans le lait. Ils ont menti ! » Après vérification auprès de l'agence européenne, l'EFSA, cette étude qui montre que des résidus de glyphosate sont présents dans le lait ne lui a effectivement jamais été transmise dans le cadre de l'autorisation de ce pesticide. J'ai demandé à l'industriel pourquoi ne pas l'avoir transmis. La chargée de communication du groupe m'a répondu que l'étude a été transmise à l'agence américaine de protection de l'environnement, l'EPA, en 1973 mais que depuis, « neuf études réalisées en Allemagne, en Nouvelle-Zélande et aux États-Unis n'ont pas trouvé de glyphosate détectable dans le lait de vache ou humain ».

Comme indiqué plus haut, en 2019, le glyphosate a donc été ajouté à la liste des pesticides recherchés dans le lait dans le cadre du plan de surveillance et de contrôle de la DGAL[97]. Les résultats ne sont pas encore connus.

96. Entre 0,009 mg/kg et 0,015 mg/kg.
97. Voir encadré ci-dessus.

Lors du Salon de l'agriculture en mars 2019, l'Agence nationale de sécurité sanitaire de l'alimentation, de l'environnement et du travail (ANSES) a annoncé le lancement prochain d'une étude « indépendante » sur le glyphosate, qui aura pour but de trancher la controverse sur les dangers de l'herbicide, sur sa cancérogénicité et en particulier sa génotoxicité. Au moment de l'écriture de ce livre, l'ANSES finalisait l'appel d'offres. Les résultats ne seront pas connus avant 2021.

De l'huile sur le feu de la controverse

QUAND UN TRIBUNAL CITOYEN ACCUSE MONSANTO D'ÉCOCIDE

En 2016, un tribunal citoyen a été mis en place à La Haye, aux Pays-Bas. Le but de ses créateurs : alerter l'opinion publique et les décideurs pour rééquilibrer le droit international qui, d'après eux, protège bien plus les intérêts privés des multinationales comme Monsanto que les droits de l'homme ou de l'environnement. Ce tribunal n'a pas de reconnaissance officielle, mais cinq magistrats professionnels ont joué le rôle de juges : la belge Françoise Tulkens, ex-vice-présidente de la Cour européenne des droits de l'homme, la Sénégalaise Dior Fall Sow, ex-avocate générale au tribunal pénal international pour le Rwanda, l'Argentine Eleonora Lamm, avocate et experte en bioéthique, le Canadien Steve Shrybman, expert en droit international, et le mexicain Jorge Souza, magistrat au tribunal de Mexico. Parmi les 28 témoins qu'ils ont auditionnés : des experts, des avocats et des victimes supposées de la multinationale américaine des OGM et des pesticides comme des Argentins vivant aux abords des champs ainsi que le chercheur danois Ib Pedersen.

Dans un avis consultatif rendu six mois après les auditions, les juges ont estimé que la multinationale contrevient aux réglementations et au respect des droits fondamentaux et « se livre à des pratiques qui ont de graves répercussions sur l'environnement ». Monsanto est accusé par ce tribunal de « crimes contre l'humanité » et d'« écocide ». L'entreprise, qui a refusé d'être présente aux auditions, a dénoncé une « parodie de procès ».

QUELQUES-UN DES TÉMOINS AUDITIONNÉS – EXTRAIT DE L'AVIS CONSULTATIF DU TRIBUNAL INTERNATIONAL MONSANTO À LA HAYE, 18 AVRIL 2017

M. Ib Borup Pedersen et le docteur Monika Krüger ont décrit des écarts notables en matière de santé, notamment chez les cochons, entre les animaux nourris à l'aide d'organismes génétiquement modifiés et ceux nourris à l'aide de plantes non génétiquement modifiées. Mme Sabine Grataloup et Mme Maria Liz Robledo ont décrit les malformations d'enfants vivant en France et en Argentine causées par l'exposition au glyphosate. Le docteur Damián Verzeñassi, venu d'Argentine, a expliqué au Tribunal que l'utilisation des OGM avait affecté le style de vie et les moyens de production locaux ainsi que la gestion des terres. M. Diego Fernández, un agriculteur argentin propriétaire de 150 hectares dans la province de Santa Fe, a relaté au Tribunal les changements qu'il a remarqués dans son champ après être passé à une monoculture de soja, et ce plus particulièrement depuis 1996, lorsqu'il a commencé à utiliser des semences transgéniques : il a alors dû augmenter son utilisation de Roundup et déplacer son bétail, ce qui a affecté la fertilité naturelle découlant de la rotation polyculture/élevage. Avant le changement d'utilisation de son champ, il utilisait un litre de Roundup par hectare et par an ; ce volume a ensuite atteint 10 à 12 litres, ce qui a rendu son sol plus compact et éliminé toute trace de racines vivantes et d'activité microbiologique. Autre conséquence : l'émergence de plantes invasives résistantes aux herbicides. Le docteur Channa Jayasumana et M. Marcelo Firpo ont fait mention d'une maladie rénale chronique au Sri Lanka résultant de l'utilisation du Roundup ainsi de l'augmentation du taux de cancer au Brésil. M. Kolon Saman, qui vient lui aussi du Sri Lanka, a déclaré que dans les années 1980 sa communauté avait commencé à utiliser les semences dites « améliorées » pour la monoculture, soulignant qu'auparavant leurs types de cultures étaient variés (riz, millet, sésame, légumes, fruits et graines). Il a expliqué qu'avec l'aide du docteur Jayasumana ils ont réintroduit les variétés traditionnelles de riz et ont obtenu de meilleures récoltes. Il a ajouté que le Roundup et cinq autres substances agrochimiques avaient été interdits en 2015 en raison des dommages qu'ils avaient causés. M. Diego Fernández a évoqué la baisse de la fertilité et la réduction de la diversité des sols ainsi que la contamination de certaines exploitations agricoles par des organismes génétiquement modifiés (OGM). María Colin a également expliqué au Tribunal que les permis relatifs aux OGM étaient accordés sans informer les communautés concernées des risques encourus et sans aucun respect du droit au consentement libre et éclairé des peuples autochtones. M. Pedro Pablo Mutumbajoy et M. Juan Ignacio Pereyva ont quant à eux abordé respectivement l'épandage aérien de glyphosate dans le contexte de la guerre contre la drogue et la contamination des sources d'eau par le glyphosate en Argentine. Etc.

Source : « Tribunal international Monsanto », Extrait de l'avis consultatif, La Haye, 18 avril 2017.

Quand un « vrai » tribunal reconnaît le caractère cancérogène du glyphosate, par deux fois

Le 10 août 2018, le jury populaire d'un « vrai » tribunal cette fois-ci, celui de San Francisco aux États-Unis, a estimé que le Roundup et le Ranger Pro, un autre pesticide qui contient du glyphosate et qui est commercialisé par Monsanto, ont contribué à l'apparition d'un lymphome non hodgkinien chez un jardinier américain. Dewayne Johnson travaillait comme responsable antiparasitaire pour un établissement scolaire et pulvérisait ces produits vingt à trente fois par an. En 2014, il a été diagnostiqué de ce cancer incurable du système lymphatique. Il a accusé l'entreprise Monsanto d'en être responsable, et il a gagné son procès face à l'entreprise. Les jurés ont conclu que l'entreprise a agi avec « malveillance », en dissimulant la dangerosité potentielle de ses désherbants comme le Roundup et le RangerPro. La firme américaine a d'abord été condamnée à verser 289 millions de dollars (plus de 250 millions d'euros) au jardinier. 39 millions de dollars au titre de préjudice moral et financier infligé au plaignant et 250 millions destinés à punir la firme, qui a fait appel. Le 22 octobre de la même année, la juge a décidé que le montant des dommages et intérêts était excessif et a décidé de les réduire à 78,5 millions de dollars. Mais elle a maintenu le verdict sur le fond. Dewayne Johnson a accepté la réduction du montant des dommages et inétrêts. L'entreprise compte toujours faire appel du verdict qui estime que son désherbant a contribué au cancer du plaignant.

En mars 2019, le tribunal de San Francisco a de nouveau estimé que le Roundup a contribué au cancer d'un utilisateur. Monsanto a cette fois-ci été condamné à verser près de 81 millions de dollars (72 millions d'euros) à Edwin

Hardeman, un retraité américain souffrant d'un cancer qu'il attribue lui aussi au Roundup. Près de 6 millions de dollars de dommages sont destinés à compenser les dépenses de santé du plaignant, ses pertes économiques passées et à venir ainsi que sa souffrance morale. Le reste, 75 millions, est dû en guise de dommages « punitifs » pour l'entreprise. Edwin Hardeman a pulvérisé le désherbant dans son jardin pendant des décennies. Il souffre lui aussi d'un lymphome non hodgkinien. Lors de ce premier procès, un jury populaire de San Francisco a conclu que le Roundup était un « facteur substantiel » du cancer d'Edwin Hardeman, et que Monsanto était coupable de n'avoir rien fait pour prévenir des dangers possibles de son produit au glyphosate. Les jurés ont en effet estimé que le Roundup avait un « défaut de conception », qu'il « manquait d'avertissements sanitaires » sur les risques et que Monsanto avait été « négligent ». Le 16 juillet 2019, un juge du tribunal de San Francisco a finalement réduit le montant des dommages punitifs à 20 millions de dollars, le montant initial n'étant « pas admissible constitutionnellement ». Mais le juge n'est pas non plus revenu sur le fond. L'entreprise Monsanto, aujourd'hui Bayer, reste condamnée à verser plus de 25 millions de dollars à Edwin Hardeman. Elle a annoncé vouloir faire appel, tout comme l'avocate du retraité.

En octobre 2019, plus de 40 000 requêtes avaient déjà été déposées contre l'herbicide au glyphosate de Bayer et sa filiale Monsanto aux États-Unis.

QUAND UNE CONSULTANTE DE MONSANTO SE FAIT PASSER POUR UNE JOURNALISTE, ET QUAND LES JOURNALISTES SONT FICHÉS PAR LES CONSULTANTS DE MONSANTO.

Mars 2019. La journaliste de l'Agence France-Presse (AFP) Julie Charpentrat couvre le procès d'Edwin Hardeman au tribunal fédéral de San Francisco. Dans l'attente du verdict, pendant les suspensions d'audience, la journaliste échange avec ses confrères et consoeurs dans les couloirs du tribunal. « Pendant la pause, une jeune trentenaire est venue vers moi. Très souriante, le style décontracté, raconte Julie Charpentrat. Pour m'aborder, elle a d'abord prononcé quelques phrases en français, puis elle m'a dit qu'elle était journaliste pigiste pour la BBC (le groupe audiovisuel britannique ndlr) et The Inquirer, un média britannique spécialisé dans la tech ». La jeune femme s'est présentée ainsi à plusieurs journalistes, avec qui elle a également sympathisé et échangé des impressions sur le procès. Le paragraphe ci-dessus pourrait sembler anecdotique, sauf que les deux médias, la BBC et The Inquirer, ont démenti à l'AFP que la prétendue journaliste a couvert le procès pour eux. La BBC a même précisé ne l'avoir jamais employée. The Inquirer a indiqué qu'elle avait rédigé au moins un article pour son site internet en 2009 mais qu'elle n'avait pas travaillé pour eux depuis au moins 2012. The Inquirer ne couvrait d'ailleurs pas le procès.

La jeune femme était en fait une consultante pour FTI Consulting, l'une des plus grosses firmes internationale de relations publiques comptant parmi ses clients les entreprises Monsanto et Bayer. En 2018, FTI Consulting a réalisé un bénéfice net de 150,6 millions de dollars (137 millions d'euros) pour un chiffre d'affaires de 2 milliards (1,8 milliard d'euros). L'entreprise figure dans le registre de transparence de l'Union européenne qui recense les groupes d'intérêts auprès des institutions. La prétendue journaliste travaillait au moment du procès plus particulièrement dans la division « Strategic communications », présentée sur le site internet de FTI Consulting comme spécialisée « dans l'usage de la communication pour aider les entreprises à réaliser des objectifs + business + discrets ». Juste après cette affaire, on pouvait lire sur le Linkedin de la jeune femme : « consultante et journaliste freelance ». Le 30 mars 2019, elle se présentait encore uniquement comme « Senior Director at FTI Consulting Strategic Communications ». Elle n'a jamais indiqué aux journalistes avoir un lien avec Bayer ou Monsanto.

Julie Charpentrat a mené l'enquête et interrogé le cabinet FTI Consulting qui lui a répondu que « la mission donnée à l'employée en question était d'assister au procès et son but était expressément et uniquement de prendre des notes sur les débats ». Quand la firme a appris que la consultante s'est présentée de façon inappropriée, elle a répondu « avoir entamé un examen interne et prendre les mesures nécessaires et appropriées ». FTI Consulting dit prendre le sujet très au sérieux et être résolu à « opérer conformément aux principes éthiques les plus élevés ». J'ai à nouveau sollicité Bayer sur cette affaire. La chargée de communication m'a répondu que FTI Consulting ne fait pas partie de leur équipe dédiée à la gestion des procès impliquant le Roundup, et dit ne pas avoir su que le cabinet était présent avant que le procès ne soit terminé.

Cette histoire est intervenue au moment où le géant agrochimique était justement aux prises avec une polémique sur le fichage de journalistes et de personnalités. En 2016, l'agence de communication Fleishman Hillard aurait en effet fiché, pour le compte de Monsanto, des centaines de personnalités dont des journalistes, concernant leur position sur les OGM ou le glyphosate, ou leur propension à être influencés. Suite à cette affaire, Bayer a présenté ses excuses et affirmé ne « tolérer aucun agissement qui soit contraire à l'éthique ». L'AFP, dont plusieurs journalistes figurent dans ce fichier, a porté plainte auprès de la Commission nationale de l'informatique et des libertés (CNIL).

FTI Consulting, qui a également comme cliente la compagnie pétrolière Exxon Mobil, a déjà été mis en cause pour ses méthodes controversées. D'après l'ONG de défense de l'environnement EarthRights, des consultants payés par Exxon, et employés de FTI Consulting, auraient contacté le conseiller juridique de l'ONG en se faisant passer pour des journalistes. Ce conseiller juridique défendait notamment des municipalités contre Exxon Mobil devant la justice américaine. FTI Consulting a démenti.

Du glyphosate jusque dans nos urines

Mercredi 5 juin 2019. Sur les murs de la mairie du XIVe arrondissement de Paris, plusieurs feuilles blanches de taille A4 indiquent « campagne glyphosate ». Dans une petite salle municipale, quelques parisiens sont venus « faire pipi pour le glyphosate ». Une association propose en effet de réaliser des tests urinaires pour vérifier si du glyphosate est présent dans nos urines. Alice, la cinquantaine, est venue avec son mari. Le couple souhaite procéder aux analyses et, avant même de connaître les résultats, ils ont aussi décidé de porter plainte contre les fabricants du produit et les autorités de santé « qui laissent cela arriver », lâche Alice. L'association propose en effet, en plus des analyses, de porter plainte « collectivement » pour dénoncer la présence de glyphosate dans les urines. Il faut compter 85 euros pour les analyses et 50 euros pour le dépôt de plainte. Un huissier est payé à l'heure pour vérifier que personne n'ajoute intentionnellement du glyphosate dans ses urines et un avocat est également embauché par l'association pour entreprendre la plainte collective. Trois semaines plus tard, Alice a reçu ses résultats. Ils sont positifs. Ses urines contiennent 0,73 nanogrammes par millilitre (ng/ml) de résidus de glyphosate et celles de son mari 0,71. « Je m'attendais à avoir moins !, déclare la citoyenne, très étonnée du résultat. Il y a des gens qui n'ont que 0,64 ng/ml. Moi j'ai plus alors que je mange sainement depuis cinquante ans et bio depuis que ça existe ! J'ai grandi dans une famille de végétariens et j'ai toujours fait attention à mon alimentation ». À la question de savoir ce qu'elle va faire désormais, elle répond : « Manger encore plus bio ! » en riant. « Dans le courrier que nous avons reçu avec les résultats, il est aussi indiqué qu'on peut se prendre en photo avec notre résultat et le poster sur les réseaux sociaux avec le hashtag '#campagneglyphosateParis' ». Nous faire prendre conscience de notre exposition aux pesticides, c'est le but de cette association. « Sur les 4000 personnes qui ont déjà réalisé le test en France, toutes avaient du glyphosate dans leurs urines », explique Marion Nguyen, référente de la campagne glyphosate à Paris et membre de l'association Nature Rights. D'autres associations ont déjà mené des analyses similaires et trouvé que le glyphosate était présent dans les urines de la majorité des personnes testées. L'association Générations futures avait notamment fait participer une dizaine de personnalités comme la chanteuse Émilie Loizeau ou la chroniqueuse Charline Vanhoenacker en 2017. 100 % des échantillons d'urines contenaient du glyphosate. En 2016, une étude de plus grande ampleur réalisée en Allemagne sur 2000 volontaires, baptisée l'étude Urinale, a montré que le glyphosate était présent chez 75 % des personnes analysées à un taux moyen de 1,08 ng/ml. L'Institut national de recherche et de sécurité pour la prévention des accidents du travail et des maladies professionnelles (INRS) a réalisé des analyses similaires chez des travailleurs, après application de l'herbicide. Les taux contenus dans leur urine variaient de 0,12 à 10,7 nanogrammes par millilitre. Santé publique France, l'agence nationale de santé publique dont la mission principale est de « protéger efficacement la santé des populations », est en train d'effectuer une étude, appelée Esteban, qui va mesurer pour la première fois le taux de glyphosate dans les urines de la population française âgée de 6 à 74 ans. Au moment de l'écriture de ce livre, les résultats ne sont pas encore connus.

Les taux retrouvés dans les urines sont-ils inquiétants ? « On n'en sait rien encore » regrette le toxicologue de l'INSERM Robert Barouki. Aucun seuil n'ayant été établi concernant la quantité de glyphosate retrouvée dans nos urines qui serait sans risque pour notre santé. Si pour Santé publique France, la présence de résidus de glyphosate dans nos urines traduit bien une exposition de la population à cet herbicide, ni eux ni l'INRS ne peuvent conclure à d'éventuels effets sanitaires pour l'instant. Car pour le « glyphosate urinaire », il n'existe pas de valeur biologique d'interprétation (VBI). Cette VBI est une valeur utile pour l'interprétation des résultats qui doit être fixée par l'ANSES en France. Elle n'existe ni pour le milieu du travail, ni pour la population générale. Sans VBI, on ne peut donc pas interpréter les résultats ! Pour le toxicologue de l'INSERM, c'est bien tout le problème. Pour les plus optimistes, comme l'EFSA, retrouver du glyphosate dans nos urines peut être le signe d'une bonne élimination du produit. L'INRS précise également que « les données concernant l'absorption, le métabolisme et la cinétique d'élimination du glyphosate chez l'homme sont peu nombreuses », et que le glyphosate ne s'accumule pas dans l'organisme, ou très peu. Mais pour certains scientifiques comme Anthony Samsel, le biochimiste américain qui a eu accès aux études que Monsanto a transmis aux autorités de régulation, c'est déjà trop. Le scientifique tient à m'alerter sur l'existence d'une autre étude réalisée en 1988 par Monsanto, par les scientifiques W.P. Ridley et K. Mirly[98]. Une étude que l'Organisation mondiale de la santé (OMS), dans le cadre du JMPR, le Joint Meeting on Pesticides Residues, a prise en compte en 2004. Elle en a conclu que le glyphosate s'accumulait très peu dans l'organisme. Mais d'après Anthony Samsel, cette étude montre au contraire qu'environ 30 % du glyphosate absorbé par voie orale continue de circuler dans l'organisme des animaux pendant au moins sept jours, le reste étant effectivement excrété dans les urines. « Et quand la dose est répétée, il y a un processus d'accumulation dans tous les tissus et organes, en particulier dans les os et le cerveau », explique Anthony Samsel. « Quand vous mangez même de faibles doses de glyphosate tous les jours, le produit s'accumule dans votre organisme », conclut le chercheur. Une autre étude va dans le sens d'une accumulation du glyphosate dans l'organisme. Elle a été faite en 1991 par Monsanto là encore et elle montre que le glyphosate peut effectivement s'accumuler dans les os[99]. « Seule une très faible proportion fait l'objet d'une distribution et d'un stockage tissulaire, essentiellement au niveau osseux », peut-on lire dans le rapport de l'INRS.

---

98. W.P. Ridley, K. Mirly, « The metabolism of glyphosate in Sprague-Dawley rats. Part I Excretion and tissus distribution of glyphosate and its metabolites following intravenous and oral administration », Unpublished report, study No 86139, project No. ML-86-438, dated March 1988, from Monsanto Environmental Health Laboratory, St Louis, Missouri, USA. Submitted to WHO by Monsanto Int. Services SA, Brussels, Belgium.
99. D.W. Brewster, « Metabolism of glyphosate in Sprague-Dawley rats : Tissue distribution, identification, and quantification of glyphosate-derived material following a single oral dose », Fundamental and applied toxicology, from Monsanto Agricultural Company, Environmental Health Laboratory, 1991.

Conclusion

J'ai fait le test. Le 10 septembre 2019, j'avais 1,90 ng/ml de glyphosate dans mes urines. J'essaie de manger la plupart du temps bio, mais ce n'est bien sûr pas toujours possible.

Avoir suivi ainsi le parcours du soja depuis les champs sud-américains jusqu'au lait vendu dans nos supermarchés français, en passant pas les mangeoires de nos animaux, ne m'a pas vraiment rassurée. Les malades qui augmentent autour des champs en Argentine, les analyses qui montrent que le glyphosate peut être responsable de l'altération du génome d'enfants, et les curieuses maladies développées par les animaux qui raffolent des tourteaux de soja m'ont au contraire inquiétée. Les *Monsanto papers*, qui ont révélé que la firme était bien au courant de la dangerosité de ses produits depuis longtemps, et notamment de sa potentielle génotoxicité, ont fini de me convaincre.

Vous êtes certain aujourd'hui que fumer peut causer le cancer du poumon, n'est-ce pas ? Le potentiel génétique peut évidemment avoir un rôle. Mais le tabac est aujourd'hui reconnu comme un facteur pouvant causer le cancer. Pourtant même à l'apparition des premières études épidémiologiques prouvant indiscutablement la toxicité du tabac dans les années 50, le doute régnait aussi sur sa dangerosité. Les cigarettiers ont longtemps affirmé que fumer ne posait aucun problème pour la santé. Les stratégies de lobbying utilisées par Monsanto pour défendre l'innocuité du glyphosate ont été révélées. Elles sont similaires à celles que les fabricants de cigarettes ont employées dans les années 70. Pourquoi ne pas tirer les leçons du passé ?

L'agence internationale de renom, le CIRC, qui dépend de l'OMS, a conclu au caractère cancérogène – et génotoxique – du glyphosate. Des tribunaux ont donné raison à plusieurs malades qui accusaient ces désherbants d'être responsables de leurs cancers. Des pays ont commencé à interdire les désherbants à base de glyphosate. Les tests urinaires montrent une exposition généralisée au glyphosate. Des résidus de cet herbicide sont présents dans les laits commercialisés dans nos supermarchés, et aussi dans de nombreux aliments. Un spectre d'indices considérable va dans le même sens.

Combien de temps faudra-t-il encore pour que les plus gros producteurs de soja, le Brésil, les États-Unis, et l'Argentine, qui font aussi partie des plus gros utilisateurs de glyphosate, interdisent les herbicides à base de glyphosate tant décriés ? Combien de temps faudra-t-il pour que les gouvernements aident les agriculteurs à mettre en place un modèle qui utilise moins de produits chimiques ? Les preuves de sa dangerosité pour nous tous ne sont-elles pas suffisantes ?

Un rapport parlementaire réalisé en 2019 recommande la création d'un fonds de recherches inter-agences, afin de permettre à nos agences sanitaires chargées d'évaluer la sécurité des produits que l'on consomme, de financer des recherches propres. Cela pourrait être une solution pour mettre fin à la cacophonie autour du glyphosate, et pour trouver un consensus scientifique[100]. Pourquoi ne pas revoir également en profondeur les méthodes d'évaluation des agences, afin que celles-ci ne se basent plus essentiellement sur les études fournies par les industriels qui ont pour intérêt que leurs produits se vendent ?

Et en attendant, à partir du moment où il y a ne serait-ce qu'un doute, avons-nous vraiment envie de consommer ce soja massivement traité au glyphosate, de le donner à notre bétail, ou de boire le lait qui en est issu ?

Le soja est une protéine intéressante du point de vue nutritionnel. Mais elle serait meilleure encore sans résidus de pesticides. Pour la santé de nos bêtes, et très certainement pour la nôtre aussi.

À l'issue de cette enquête, je suis convaincue d'une chose : les preuves de la dangerosité des produits appliqués sur le soja que l'on importe sont trop nombreuses pour que nous laissions perdurer ce modèle sans réfléchir, et sans appliquer un principe qui semble évident : celui de la précaution. Que ce soit pour notre santé, consommateur en bout de chaîne, celle des animaux ou celle des populations qui vivent à côté de ces champs de soja sur lesquels cette pluie de produits chimiques s'abat trop régulièrement.

---

100. P. Bolo, A. Genetet, « Évaluation des risques sanitaires et environnementaux par les agences : trouver le chemin de la confiance », Rapport parlementaire, 2019.

Remerciements

Je voudrais remercier chaleureusement toutes les personnes qui m'ont aidée à écrire ce livre.

Jennifer Deschamps et Marie-Anne Esquivié pour l'intelligence dont elles m'ont entourée à chaque étape de l'enquête, de l'écriture et de la relecture. Juliette Igier, journaliste spécialiste de l'Argentine, pour son travail méticuleux sur cette partie. Catherine Bennetau-Pelissero, Laurent Chevallier et Robert Barouki pour leurs expertises et relectures scientifiques et techniques. Marie Lotz, Elena Le Runigo, Pauline Pellissier et Michel Gasperment pour leurs relectures critiques.

Merci également aux femmes qui se sont portées volontaires pour l'expérience sur la perturbation des cycles. Ce n'est en aucun cas une étude scientifique, mais elle pose néanmoins question et elle a initié en grande partie ma volonté d'en savoir plus quant aux effets du soja sur la santé. Merci à toute l'équipe de KM production qui a produit le documentaire que j'ai réalisé pour France 5 et qui a constitué le point de départ de ce livre. Merci à toutes les personnes qui m'ont accueillie dans le cadre du reportage et à mes collègues qui m'ont accompagnée sur le terrain et dans la réalisation de celui-ci. Merci à Lucile Berland, compagne d'enquête.

Toute ma gratitude va aussi bien sûr à JC, à mes parents et à ma famille dans son ensemble, ainsi qu'à mes amis, pour leur présence, leur soutien et leur bienveillance au quotidien.

Merci enfin à Jean Muller et aux Éditions du Rocher pour leur confiance.

Table

Achevé d'imprimer par
Nouvelle Imprimerie Laballery,
Allée Louis Blériot, 58500 Clamecy
en février 2020
N° d'impression : 001447

Composition : Nicolas Pinet

Dépôt légal : mars 2020

Imprimé en France